智能制造高技能人才培养规划丛书

ABB 工业机器人实操与应用技巧

工控帮教研组　编著

U0218137

电子工业出版社·

Publishing House of Electronics Industry

北京·BEIJING

内 容 简 介

随着中国经济的快速发展和人口素质的不断提高，一些需要高强度重复性作业、承受恶劣环境的工作岗位越来越难招到工人，并且老龄化的到来越发加剧了这种局面。在这种情况下，政府鼓励企业尝试以机器作业替代人工操作，经过几年的尝试取得了良好的效果，工业机器人的需求量也大大提高。

一方面越来越多的机器人代替了人工，而另一方面机器人编程人才匮乏，仿真与方案设计的人才更是供不应求，因此工控帮教研组根据广大工程人员、在校学生以及想要自我提升的社会人员学习工业机器人调试编程知识的需求整理并编写了本书，希望能为中国制造业的发展做出一些微薄的贡献。

本书共分为 8 个章节，主要包括：工业机器人学习准备，ABB 工业机器人的安全操作事项，ABB 工业机器人硬件安装，ABB 工业机器人的基础操作知识，ABB 工业机器人的 I/O 通信，ABB 工业机器人的程序数据，ABB 工业机器人的 RAPID 编程和 ABB 工业机器人的进阶功能介绍。

本书知识点符合生产实际，教学内容详实，可作为广大工程技术人员自学 ABB 工业机器人技术的入门书籍，也可作为中高职院校学生学习 ABB 工业机器人技术的主要教材。

图书在版编目（CIP）数据

ABB 工业机器人实操与应用技巧 / 工控帮教研组编著. — 北京：电子工业出版社，2019.6
（智能制造高技能人才培养规划丛书）
ISBN 978-7-121-35877-7

Ⅰ. ①A…　Ⅱ. ①工…　Ⅲ. ①工业机器人－程序设计　Ⅳ. ①TP242.2

中国版本图书馆 CIP 数据核字（2019）第 001754 号

策划编辑：张　楠
责任编辑：钱维扬
印　　刷：涿州市般润文化传播有限公司
装　　订：涿州市般润文化传播有限公司
出版发行：电子工业出版社
　　　　　北京市海淀区万寿路 173 信箱　　邮编：100036
开　　本：787×1092　1/16　印张：13.25　字数：339.2 千字
版　　次：2019 年 6 月第 1 版
印　　次：2025 年 1 月第 14 次印刷
定　　价：49.00 元

本书编委会

主　编：余德泉

副主编：孙永仓　　徐家龙　　王　磊

随着德国工业 4.0 的提出，以及我国《中国制造 2025》的推进，中国制造业向智能制造方向转型已是大势所趋。智能制造是《中国制造 2025》的核心，工业机器人是智能制造业最具代表性的装备。根据 IFR（国际机器人联合会）发布的最新报告，2016 年全球工业机器人销量继续保持高速增长。2017 年全球工业机器人销量约 33 万台，同比增长 14%。其中，中国工业机器人销量 9 万台，同比增长 31%。IFR 预测，未来十年，全球工业机器人销量年平均增长率将保持在 12%左右。

当前，机器人替代人工生产已经成为未来制造业的必然，工业机器人作为"制造业皇冠顶端的明珠"，将大力推动工业自动化、数字化、智能化的早日实现，为智能制造奠定基础。然而，智能制造发展并不是一蹴而就的，而是从"自动信息化""互联化"到"智能化"层层递进、演变发展的。智能制造产业链涵盖智能装备（机器人、数控机床、服务机器人、其他自动化装备）、工业互联网（机器视觉、传感器、RFID、工业以太网）、工业软件（ERP/MES/DCS 等）、3D 打印及将上述环节有机结合起来的自动化系统集成和生产线集成等。

根据智能制造产业链的发展顺序，智能制造首先需要实现自动化，然后实现信息化，再实现互联网化，最后才能真正实现智能化。工业机器人是实现智能制造前期最重要的工作之一，是联系自动化和信息化的重要载体。智能装备和产品是智能制造的实现端，围绕汽车、机械、电子、危险品制造、国防军工、化工、轻工等应用需求，工业机器人将成为智能制造中智能装备的普及代表。

由此可见，智能装备应用技术的普及和发展是我国智能制造推进的重要内容，工业机器人应用技术是一个复杂的系统工程，工业机器人不是买来就能使用的，还需要对其进行规划集成，把机器人本体与控制软件、应用软件、周边的电气设备等结合起来，组成一个完整的工作站，方可进行工作。通过在数字工厂中工业机器人的推广应用，不断提高机器人作业的智能水平，使其不仅能替代人的体力劳动，而且能替代一部分脑力劳动。因此，以工业机器人应用为主线构造智能制造与数字车间关键技术的运用和推广显得尤为重要，这些技术包括机器人与自动化生产线布局设计、机器人与自动化上下料技术、机器人与自动化精准定位技术、机器人与自动化装配技术、机器人与自动化作业规划及示教技术、机器人与自动化生产线协同工作技术及机器人与自动化车间集成技术，通过建造机器人自动化生产线，利用机器手臂、自动化控制设备或流水线自动化推动企业技术改造向机器化、自动化、集成化、生态化、智能化方向发展，从而实现数字车间制造过程中物质流、信息流、能量流和资金流的智能化。

近年来，虽然多种因素推动着我国工业机器人在自动化工厂的广泛使用，但是一个越来越大的问题清晰地摆在我们面前，那就是工业机器人的使用和集成技术人才严重匮乏，甚至阻碍这个行业的快速发展。哈尔滨工业大学机器人研究所所长、长江学者孙立宁教授指出：按照目前中国机器人安装数量的增长速度，对工业机器人人才的需求早已处于干渴状态。目前，国内仅有少数本科院校开设工业机器人的相关专业，学校普遍没有完善的工业机器人相关课程体系及实训工作站。因此，学校老师和学员都无法得到科学培养，从而不能快速满足产业发展的需要。

工控帮教研组结合自身多年的工业机器人集成应用技术和教学经验，以及对机器人集成应用企业的深度了解，在细致分析机器人集成企业的职业岗位群和岗位能力矩阵的基础上，整合机器人相关企业的应用工程师和机器人职业教育方面的专家学者，编制了本套智能制造高技能人才培养规划丛书。按照智能制造产业链和发展顺序，本套丛书分为专业基础教材、专业核心教材和专业拓展教材。

专业基础教材涉及的内容包括触摸屏编程技术、运动控制技术、电气控制与 PLC 技术、液压与气动技术、金属材料与机械基础、EPLAN 电气制图、电工与电子技术等。

专业核心教材涉及的内容包括工业机器人技术基础、工业机器人现场编程技术、工业机器人离线编程技术、工业组态与现场总线技术、工业机器人与 PLC 系统集成、基于 SolidWorks 的工业机器人夹具和方案设计、工业机器人维修与维护、工业机器人典型应用实训、西门子 S7-200 SMART PLC 编程技术等。

专业拓展教材涉及的内容包括焊接机器人与焊接工艺、机器视觉技术、传感器技术、智能制造与自动化生产线技术、生产自动化管理技术（MES 系统）等。

本教材内容力求源于企业、源于真实、源于实际，然而因编著者水平有限，错漏之处在所难免，欢迎读者朋友们关注微信公众号 GKYXT1508 交流指导，谢谢！

工控帮教研组

■ 目 录
CONTENTS

第 1 章

工业机器人学习准备

【学习目标】
- 掌握获取最新 ABB 工业机器人仿真软件的方法。
- 掌握 RobotStuido 软件的安装方法。
- 了解 ABB 工业机器人手册的使用方法。

1.1 如何获取最新的 ABB 工业机器人仿真软件

ABB 的机器人仿真软件功能非常强大，那么如何获取最新的 ABB 工业机器人仿真软件 RobotStudio 呢？

其实一点都不难，和下载游戏一样简单，下面来和我一起做。

① 首先打开网页：www.robotstudio.com。

② 进入图 1.1 页面之后单击"Downloads"选项。

③ 进入图 1.2 页面后就可以找到最新版的 RobotStuido 了，在鼠标指针处直接单击即可下载，很方便。下载提示界面如图 1.3 所示。

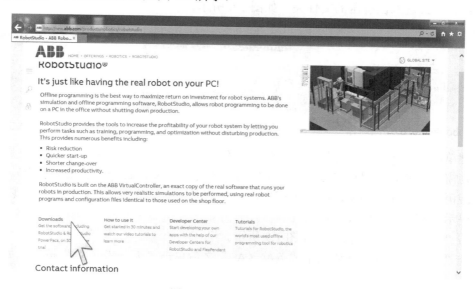

图 1.1　RobotStudio 官网

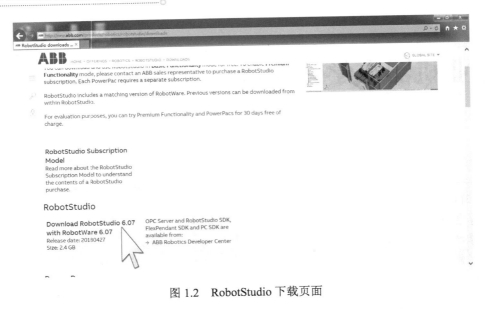

图 1.2 RobotStudio 下载页面

图 1.3 下载提示界面

1.2 安装 RobotStudio 软件的详细步骤

按照上文操作步骤下载获得最新版的 RobotStudio 软件，如图 1.4 所示。

这是一个 ZIP 压缩文件，需要单击鼠标右键进行解压，如图 1.5 所示。

双击文件夹进入已解压的文件夹，如图 1.6 所示。

图 1.4 RobotStudio_6.07 压缩包

图 1.5 解压文件

图 1.6 进入文件夹

右键单击"setup.exe"，选择"以管理员身份运行（A）"，如图 1.7 所示。（如果是 WIN10 系统，则需要注意系统用户名必须是英文字母，不能有中文，否则安装完会出错）。

安装语言选择简体中文，如图 1.8 所示。（如果是第一次安装，电脑会提示安装.NET 组件，按提示安装，重启软件即可）。

单击"下一步（N）"按钮，如图 1.9 所示。

勾选"我接受该许可证协议中的条款（A）"之后单击"下一步（N）"按钮，如图 1.10 所示。

图 1.7　选择"以管理员身份运行（A）"

图 1.8　选择安装语言

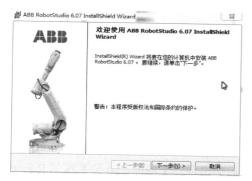

图 1.9　单击"下一步（N）"按钮

图 1.10　接受许可证协议

选择"接受（A）"，如图 1.11 所示。

单击"下一步（N）"按钮，如图 1.12 所示。

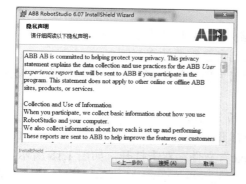

图 1.11　接受隐私声明

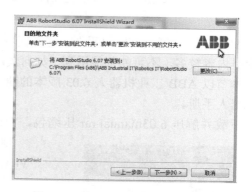

图 1.12　单击"下一步（N）"按钮

选择"完整安装（O）"然后单击"下一步（N）"按钮，如图 1.13 所示。

单击"安装（I）"按钮，如图 1.14 所示。

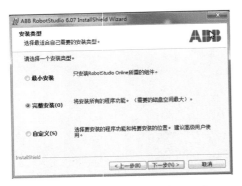

图 1.13　选择"完整安装（O）"

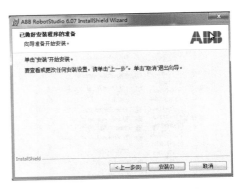

图 1.14　单击"安装（I）"按钮

等待安装完毕，如图 1.15 所示。

单击"完成（F）"按钮安装完毕，如图 1.16 所示。

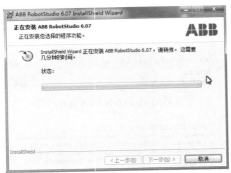

图 1.15　等待安装完毕

图 1.16　安装完毕

32 位操作系统的 RobotStudio 软件安装完成之后会出现一个图标，64 位系统的 RobotStudio 软件安装完成之后会出现两个图标（一个 32 位的，一个 64 位的）。

1.3　ABB 工业机器人手册的使用方法

ABB 工业机器人有随机手册，这是使用及维护 ABB 工业机器人必须要参考的资料，但是手册内容较多，不可能都使用到，如何快速找到自己需要的资料呢？

本节以 ABB 工业机器人 6.03 版本的随机手册为例带领大家一起学习如何使用 ABB 工业机器人手册。

下载并解压 6.03manual.rar 压缩包，如图 1.17 所示。

图 1.17　下载并解压 6.03manual.rar 压缩包

双击打开解压后的文件夹，在文件夹里面找到"Viewer.exe"文件，双击打开，如图 1.18 所示。

选择"Chinese（simpl.）"选项，也就是选择简体中文，如图 1.19 所示。

"光盘信息"这一项主要介绍了本手册的版本说明与使用技巧，如图 1.20 所示。

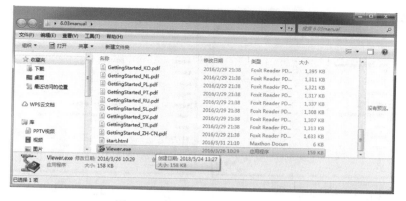

图 1.18　打开"Viewer.exe"文件

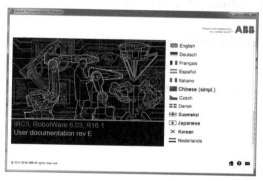

图 1.19　选择简体中文

图 1.20　光盘信息

"安全信息"的内容主要是介绍一些必要的安全须知，建议在使用机器人之前就要查阅，如图 1.21 所示。

"快速入门"介绍了使用 ABB 工业机器人的很多必要知识，如图 1.22 所示。其中的 ⬛操作员手册 – 使用入门 IRC5 与 RobotStudio 很有用，建议阅读。

图 1.21　安全信息

图 1.22　快速入门

"产品规格"这一栏主要分类介绍了 ABB 工业机器人和控制器的重要参数以及安装须知等内容，如图 1.23 所示。

"产品手册"这一栏主要分类介绍了对应型号的机器人和控制器的使用及维护，例如更换齿轮箱油的方法、油品和注意事项等，如图 1.24 所示。

图 1.23　产品规格　　　　　　　　　　　图 1.24　产品手册

"电路图"这一栏提供机器人控制器等的电气图纸，供维修、维护机器人的人员参考使用，如图 1.25 所示。

"操作手册"这一栏主要介绍了 ABB 仿真软件 RobotStudio、示教器与控制柜的操作和使用，如图 1.26 所示。

图 1.25　电路图　　　　　　　　　　　　图 1.26　操作手册

"技术参考手册"这一栏主要介绍了机器人的齿轮箱中使用的润滑油和润滑脂的类型，以及 RAPID（ABB 工业机器人编程使用的语言）指令、函数、数据类型等，如图 1.27 所示。常用的手册为　📄 技术参考手册 – RAPID指令、函数和数据类型　。

"应用手册"这一栏主要介绍了机器人软硬件选项的信息，如图 1.28 所示。

图 1.27　技术参考手册　　　　　　　　　图 1.28　应用手册

1.4　ABB 工业机器人如何获取需要的 GSD、GSDML 和 EDS 文件

与外部设备通信是学习 ABB 工业机器人技能的一个重要部分，与外部设备通信时根据通信协议的不同需要不同的 GSD 和 EDS 文件，那么对于 ABB 工业机器人这些文件从哪里获取呢？

可以按如下步骤进行操作。

打开 RobotStudio，新建一个空工作站，如图 1.29 所示。

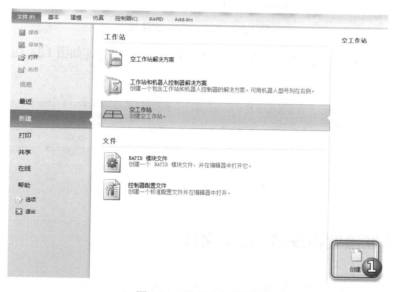

图 1.29　新建空工作站

选择"Add-Ins"选项卡，右键单击已安装的数据包里面相应版本的 RobotWare 系统（此处为 RobotWare6.06.01），在下拉菜单中选择"打开数据包文件夹"，如图 1.30 所示。

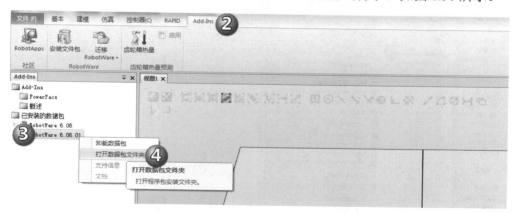

图 1.30　打开数据包文件夹

进入 RobotPackages 文件夹，如图 1.31 所示。

进入 RobotWare_RPK_6.06.1025 文件夹，如图 1.32 所示。

图 1.31　进入 RobotPackages 文件夹　　　　图 1.32　进入 RobotWare_RPK_6.06.1025 文件夹

进入 utility 文件夹，如图 1.33 所示。

图 1.33　进入 utility 文件夹

进入 service 文件夹，获取需要的 GSD、GSDML 和 EDS 文件，如图 1.34（a）和图 1.34（b）所示。

（a）　　　　　　　　　　　　　　　　　　　　　（b）

图 1.34　进入 service 文件夹

1.5　如何在博途中安装 GSD 文件

博途是西门子工业自动化集团发布的一款全新的全集成自动化软件，是将西门子 300、400、1200、1500PLC 系列还有西门子 HMI、变频器等集成编程的组态软件。

首先将 HMS_1811.gsd 复制粘贴到桌面上，如图 1.35～图 1.36 所示。

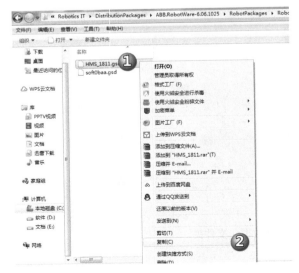

图 1.35　复制 HMS_1811.gsd

图 1.36　将 HMS_1811.gsd 粘贴到桌面上

　　打开博途并选择"项目视图"，如图 1.37 所示。

　　在"项目视图"中选择"选项"，在"选项"下拉菜单中选择"安装设备描述文件（GSD）
（D）"，如图 1.38 所示。

图 1.37　选择"项目视图"

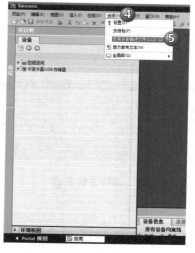

图 1.38　选择"安装设备描述文件（GSD）（D）"

　　单击█图标，如图 1.39 所示。

　　将源路径选择为"桌面"，单击"确定"按钮，如图 1.40 所示。

图 1.39　单击█图标

图 1.40　选择"桌面"作为源路径

　　勾选"hms_1811.gsd"并单击"安装"按钮，导入"hms_1811.gsd"文件如图 1.41 所示。
单击"确定"按钮，如图 1.42 所示。

图 1.41　导入"hms_1811.gsd"文件

图 1.42　单击"确定"按钮

等待安装完成，如图 1.43 所示。

安装 GSD 文件完成后的界面如图 1.44 所示。

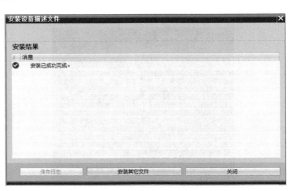

图 1.43   等待安装完成　　　　　　　　　图 1.44   安装 GSD 文件完成

1.6   建立和修改工作站

1.6.1   软件包部分系统选项介绍

RobWare 是 ABB 机器人软件产品中的一族，与其类似的有 RobStudio 和 Robot Application Builder 等。

RobWare 产品主要分为 RobotWare-OS 和 RobotWare Options 两类。

其中，RobotWare-OS 是机器人随机安装的基本操作系统，先后推出 5.07、5.08、5.10 等版本，功能不断增强，系统越来越稳定。RobotWare Options 是基于操作系统增加的一系列增强软件功能。

本节主要介绍各种软件选项的功能。

1．运动类选项

- 602-1 Advanced shape turning：用于补偿低速切割时的路径误差，提高路径精度（小圆等），也用于补偿切割时摩擦力对精度的影响（从 0.5mm 优化至 0.1mm）。
- 603-1 Absolute Accuracy：用于补偿个体机器人与理想机器人的机械误差；提高 TCP、线性移动、工件坐标系的精准度；对于外轴，单个关节运动无效。
- 604-1 MultiMove Corrdination：用于在一台控制柜下控制多台机器人协同工作；也用于抓取同一工件、在同一坐标系内运动等；指令有 SyncMoveOn、SyncMoveOff 等。
- 604-2 MultiMove Independent：用于在一台控制柜下控制多台机器人同时独立工作（最多 4 台）；各台机器人由不同任务下的 RAPID 程序来控制。
- 605-1 Multiple Axis Positioner：用于控制机器人与随外部轴变动的坐标系协同工作，外部轴旋转时机器人自动跟随工件移动。
- 606-1 Conveyor Tracking：用于控制机器人跟踪移动的工件。当工件移动的速度有缓慢变化时，机器人可同步补偿，可同时跟踪 4 条传送带（移动路径为线性或圆弧的传送带）上的 254 个工件。安装在线性滑轨上的 TRACK MOTION 机器人也可同步跟踪。

- 607-1 Sensor Synchronization：通过传感器将机器人速度调整至与外部设备一致（根据传感器的输出，机器人与外设同时到达某一设定位置）。可用于两台机器人同步工作（常用于吊顶和侧装机器人的喷涂）。专门的指令有：SyncToSensor、WaitSensor 和 DropSensor。

- 608-1 WorldZone：用于定义空间区域（立方体、圆柱体或球体等）。当机器人 TCP 进入/离开相关区域时，系统自动发出 IO 信号，或机器人自动停止。在机器人电源开启时，加载相关程序，全程实时监控。

- 609-1 Fiexed Position Events：用于使机器人在某一位置产生相关事件响应（例如系统自动发出 IO 信号、产生中断、调用程序等）。参数设置：在 TCP 接近/离开目标位置设定距离时产生响应；机器人运动时在 TCP 接近/离开目标位置设定时间时产生响应。专门的指令有：TriggIO、TriggEquip 和 TriggCheckIO 等。

- 610-1 Independent Axis：用于让机器人的外部轴（或机器人的第四轴、第六轴，取决于型号）取消与其他轴的坐标关联，独立运行。独立轴可不受旋转角度限制。速度、角度等参数可分别独立设定。专门的指令有：IndCMove、IndRMove 和 IndSpeed 等。

- 611-1 Path Recover：用于在机器人发生中断、错误时保存路径及系统信息。可在适当时间恢复，找回原先路径。专门的指令有：StorePath、RestorePath 和 PathRecStart 等。

- 612-1 PathOffset：用于使机器人可以根据输入信号修正路径，也用于跟踪某一条边、曲线，或应用于焊接。最小误差为 0.1 mm。专门的指令有：CorrCon 和 CorrRead 等。

- 613-1 Collsion detection：用于减少外部碰撞力对工作的影响，保护外设和夹具。可设定机器人受到某种程度的碰撞即停机。参数可在程序里进行设定和调整。

2．通信类选项

- 618-1 Fieldbus Command：除 I/O 以外，用 DeviceNet 和外部设备传输指令和信息。常用于集成化的外部设备，如焊接电源等。专门的指令有：Open\Bin、Close、ReadRawBytes 和 WriteRawBytes 等。

- 620-1 File& Serial channel handling：机器人通过串口（RS232 或 RS485）的方式与外设或 PC 机通信；机器人通过读取文件的方式与外设或 PC 机通信。文件可以是机器人硬盘、可移动存储器或 FTP 站点里的文件（必须要"614-1 FTP Client"选项支持）。

- 616-1 PC Interface：在 PC 机上开发用户界面来控制机器人。需要选配 Robot Application Builder 和 IRC5 OPC Server 等配件来支持。

- 617-1 Flexpendant Interface：在机器人示教器上开发用户界面；自定义可视化图形用户界面。需要选配 Robot Application Builder。

- 672-1 Socket Messaging：机器人程序通过以太网和 PC 机（或另一台机器人）通信。需在 PC 机上编制应用程序（VB、VC 等），支持 Socket Messaging 协议。专门的指令有：SocketCreat、Socketbind 和 SocketRecive 等。

- 621-1 Logical Cross Connections：可将 I/O 信号进行"与"、"或"、"非"等组合，以达到期望的逻辑效果。组合结果无须通过程序实现，可使用虚拟信号进行中间运算。

- 622-1 Analog Signal Interrupt：预设一个模拟量的值作为门槛，当模拟量超过/低于门槛值时，机器人产生中断响应（常用于报警）。专门的指令有：ISignalAI，ISignalAO。

3．其他可选项

- 623-1 MultiTasking：一台控制器可同时运行多个程序和任务（最多 20 个）。用于控制外设或在机器人运动时修改参数。后台任务可在开电后自动启动，不受前台任务（控制运动）的影响。
- 626-1 Advanced RAPID：适用于熟悉机器人的编程人员进行高级编程开发。高级功能有：Bit Functions、Data Search Functions 和 Advanced Trigg Functions 等。
- 641-1 Dispense：用于涂胶或封口等场合。机器人在移动过程中的任意位置可控制胶枪的开关及参数修改。在同一程序中可实现对 4 把胶枪的控制。

1.6.2　创建工作站并设置系统选项

创建工作站的步骤如下。

① 单击"新建"选项。

② 选择"空工作站"。

③ 单击"创建"按钮，如图 1.45 所示。

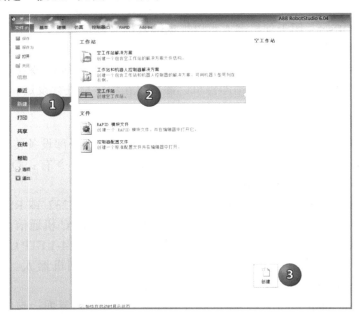

图 1.45　创建工作站

④ 单击"ABB 模型库"选项。

⑤ 选择"IRB 1410"（以 1410 机器人为例），如图 1.46 所示。

⑥ 单击"导入模型库"选项。

⑦ 选择"设备"。

⑧ 选择"Binzel WH455D"焊枪，如图 1.47 所示。

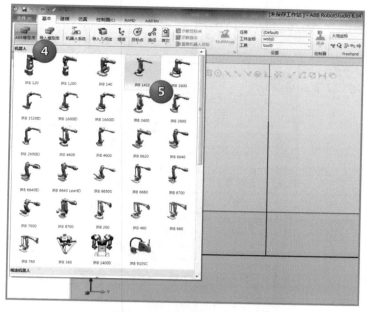

图 1.46　选择 1410 机器人

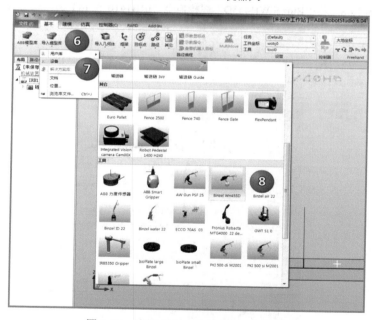

图 1.47　选择 "Binzel WH455D" 焊枪

⑨ 在布局页面中，用鼠标左键单击 "Binzel WH455D" 焊枪，按住鼠标左键拖动焊枪至 "IRB1410_5_144_01" 机器人上，直至出现 "长方形虚线框" 后松开，如图 1.48 所示。

⑩ 在弹出的对话框中用鼠标左键单击 "是（Y）" 按钮或通过键盘输入 "Y"，更新 "Binzel WH455D" 的位置，如图 1.49 所示。

⑪ 单击 "基本" 菜单栏中的 "机器人系统" 选项。

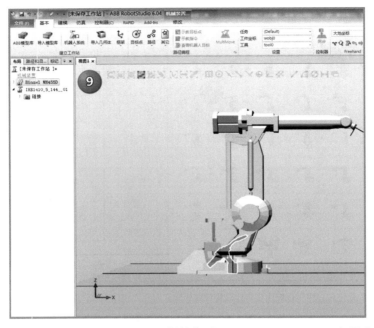

图 1.48 将"Binzel WH455D"焊枪拖至"IRB1410_5_144_01"机器人

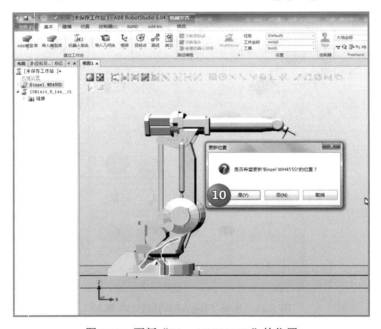

图 1.49 更新"Binzel WH455D"的位置

⑫ 在弹出的对话框中选择"从布局…",根据布局创建系统,如图 1.50 所示。

⑬ 在弹出的对话框中修改系统名称,不能包含中文等无效字符,可采用默认名称,如图 1.51 所示。

⑭ 在弹出的对话框中,单击"浏览…"按钮,修改新建系统的存放路径,不能有中文等无效字符,可采用默认位置,如图 1.51 所示。

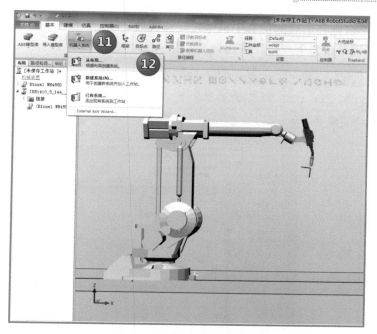

图 1.50　根据布局创建系统

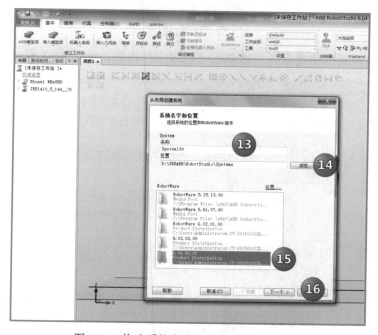

图 1.51　修改系统名称和位置并选择版本号

⑮ 在多版本的情况下请选择对应的 RobotWare 版本号（本例中为 RobotWare6.04），如图 1.51 所示。

⑯ 用鼠标左键单击"下一个"按钮。

⑰ 在弹出的对话框中选择机械装置，如图 1.52 所示。当有外部轴或多台机器人协同作

业时也必须选中，否则在后续的仿真中机械装置将失效。

⑱ 用鼠标左键单击"下一个"按钮。

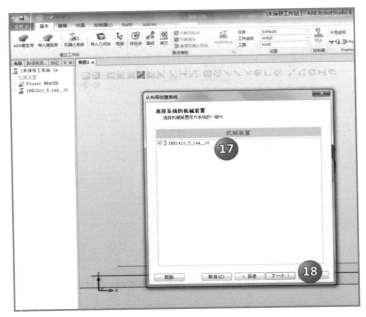

图 1.52 选择机械装置

⑲ 在弹出的对话框中用鼠标左键单击"选项…"按钮，如图 1.53 所示。

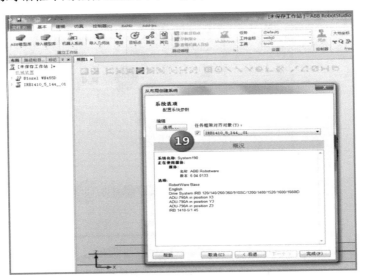

图 1.53 单击"选项…"按钮

⑳ 在弹出的对话框中用鼠标左键单击系统选项中的"Default Language"（默认语言）选项，设置默认语言，如图 1.54 所示。

㉑ 在选项中"English"前的方框中单击鼠标左键，将默认的"√"去掉，如图 1.54 所示。

㉒ 在选项中"Chinese"前的方框中单击鼠标左键 ，显示"√"，如图 1.54 所示。

图 1.54　设置默认语言

㉓ 在对话框中用鼠标左键单击系统选项中的"Industrial Networks"选项，如图 1.55 所示。

㉔ 在选项"709-1 DeviceNet Master/Slave"前的方框中单击鼠标左键 ，显示"√"，如图 1.55 所示。

㉕ 用鼠标左键单击"确定"按钮。

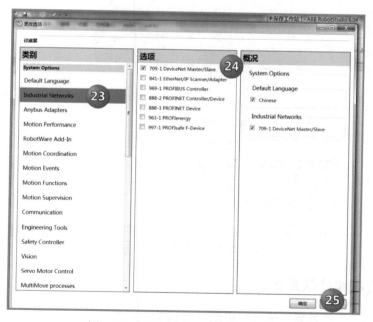

图 1.55　设置"Industrial Networks"

㉖ 在弹出的对话框中用鼠标左键单击"完成（F）"按钮，如图 1.56 所示。

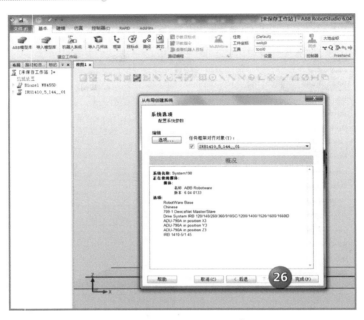

图 1.56　"选项…"设置完成

㉗ 待控制器状态显示为"已启动",即可进行下一步操作。

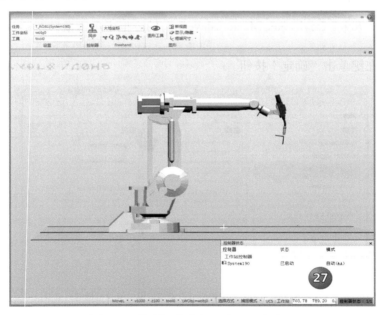

图 1.57　控制器状态显示为"已启动"

1.6.3　查看和修改系统选项

当发现在创建工作站系统的过程中漏选或错选了系统功能包时,可以按照以下步骤进行添加、删除功能包等操作。

1. 查看系统选项

查看当前系统已配置的系统功能包，有两种方法，分别如下：

方法一

① 用鼠标左键单击"控制器"选项。

② 用鼠标左键单击"属性"选项。

③ 在弹出的对话框中，用鼠标左键单击"控制器和系统属性"选项，如图 1.58 所示。

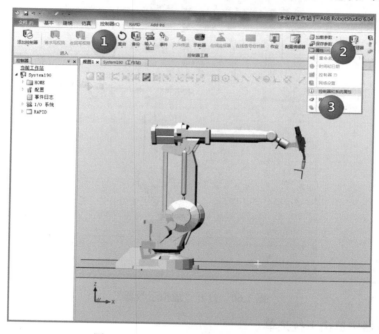

图 1.58　打开"控制器和系统属性"

④ 在弹出的对话框中用鼠标左键单击"当前系统"选项，选择"System190"。

⑤ 用鼠标左键单击"选项"按钮。

⑥ 可以查看当前工作站的系统配置信息，如图 1.59 所示。

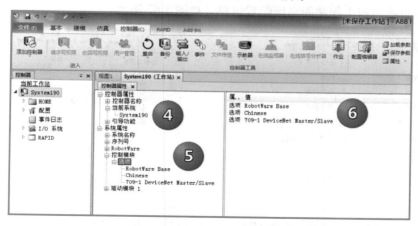

图 1.59　查看当前工作站的系统配置信息

方法二

① 用鼠标左键单击"控制器"选项。

② 用鼠标左键单击"示教器"图标。

③ 在弹出的对话框中，用鼠标左键单击"虚拟示教器"图标，如图 1.60 所示。

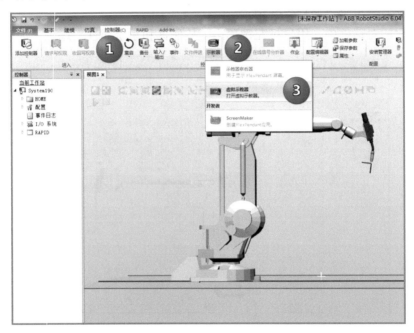

图 1.60 打开"虚拟示教器"

④ 在示教器中单击下拉菜单。

⑤ 在菜单中单击"系统信息"选项，如图 1.61 所示。

⑥ 单击"系统属性"选项。

⑦ 单击"控制模块"选项。

⑧ 单击"选项"。

⑨ 可以查看当前工作站的系统配置信息，如图 1.62 所示。

图 1.61 在下拉菜单中选择"系统信息"

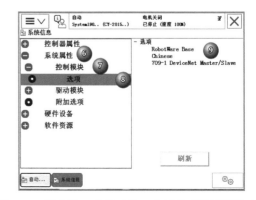

图 1.62 用方法二查看当前工作站的系统配置信息

2. 修改系统选项

修改系统选项的具体步骤如下：

① 在菜单栏中用鼠标左键单击"控制器"选项。

② 用鼠标左键单击"安装管理器"图标。

③ 在弹出的对话框中用鼠标左键单击"安装管理器"图标，如图 1.63 所示。

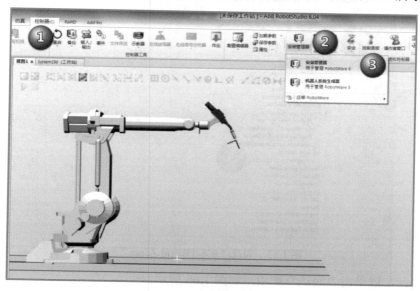

图 1.63　打开"安装管理器"

④ 在弹出的页面中用鼠标左键单击"控制器"选项。

⑤ 用鼠标左键单击"虚拟"选项。

⑥ 用鼠标左键双击需要修改的系统名称，本例选择"System190"。

⑦ 可以查看当前工作站的系统配置信息，如图 1.64 所示。

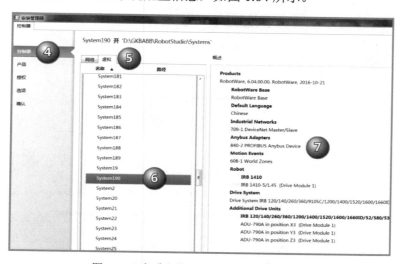

图 1.64　查看当前工作站的系统配置信息

⑧ 用鼠标左键单击"选项"按钮。

⑨ 用鼠标左键单击"系统选项"按钮。

⑩ 在选项"608-1World Zones"前的方框中单击鼠标左键 ，显示"√"，如图 1.65 所示，用鼠标左键单击左下角的"下一个"按钮。

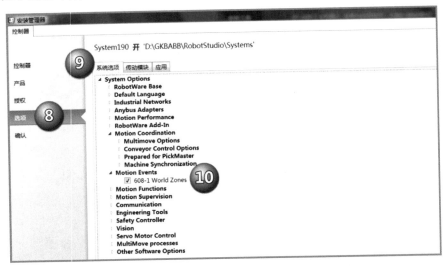

图 1.65　勾选"608-1World Zones"

⑪ 用鼠标左键单击"确认"选项，如图 1.66 所示。

⑫ 用鼠标左键单击右下角的"确定"按钮。

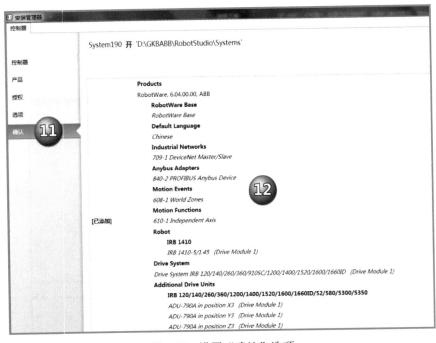

图 1.66　设置"确认"选项

⑬ 在弹出的页面中用鼠标左键单击"是（Y）"按钮，如图 1.67 所示。

⑭ 在弹出的页面中用鼠标左键单击"确定"按钮，如图 1.68 所示。

图 1.67　单击"是（Y）"

图 1.68　单击"确定"

在添加/删除了补充/多余的系统功能包后需要进行系统重置。

⑮ 在菜单栏中用鼠标左键单击"控制器"选项。

⑯ 用鼠标左键单击"重启"图标。

⑰ 在弹出的对话框中用鼠标左键选择"重置系统（I 启动）"，如图 1.69 所示。

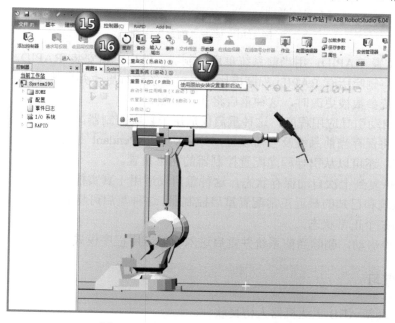

图 1.69　选择"重置系统（I 启动）"

⑱ 在弹出的对话框中用鼠标左键单击"确定"按钮，如图 1.70 所示。

至此，系统功能包的修改已经完成，最后再次打开虚拟示教器进行验证。

重启方式详解：

● R——热启动。修改系统参数和配置后使其生效。

● I——重置系统，重启控制器后使用当前系统，并恢复默认设置。

这种重启会丢弃对机器人配置所做的更改。当前系统将被恢复到将它安装到控制器上时所处的状态（空系统）。这种重启会删除所有 RAPID 程序、数据和添加到系统上的自定义配置。

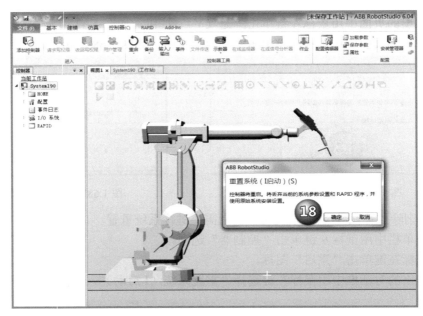

图 1.70　单击"确定"按钮

- P——重置 RAPID，用当前系统重启控制器，然后重新安装 RAPID。

这种重启将删除所有 RAPID 程序模块。当对系统进行更改并导致程序不再有效，例如程序使用的系统参数被更改时，这种重启将非常有用。

- X——启动引导应用程序，这种重启仅适用于真实控制器。

这种重启将保存当前系统及当前设置，并启动 FlexPendant 上的引导程序，以便选择要启动的新系统，还可以从引导程序配置控制器的网络设置。

- B——恢复到上次自动保存状态，这种重启仅适用于真实控制器。

用当前系统和已知的最近正常配置重启控制器。这种重启可将对机器人配置所做的更改恢复到以前的某个正常状态。

- C——冷启动，删除当前系统并重启进入引导应用程序模式。

知识点练习

（1）获取最新 ABB 工业机器人仿真软件。

（2）独立安装 RobotStudio 仿真软件。

第 2 章

ABB 工业机器人的安全操作事项

【学习目标】
- 了解工业机器人提示符号。
- 了解工业机器人设备标准操作规程。

2.1 ABB 工业机器人提示符号

2.1.1 ABB 工业机器人危险提示符号（岗前）

表 2.1 ABB 工业机器人危险提示符号（岗前）

序　　号	提示符号标志	名　　称	含义/举例
1		危险	如果不依照说明操作就会发生事故，并会导致严重或致命的人员伤害或严重的产品损坏。 在释放制动闸时，机器人轴可能移动非常快，且有时无法预料其移动方式，必须确保机器人手臂附近或下方没有人
2		警告	如果不依照说明操作，可能会发生事故，造成严重的伤害（可能致命）或重大的产品损坏。 该标志适用于以下险情：触碰高压电气单元、爆炸、火灾、吸入有毒气体、挤压、撞击、高空坠落等
3		电击	针对可能会导致严重的人身伤害或死亡的电气危险的警告
4		小心	如果不依照说明操作，可能会发生能造成伤害或产品损害的事故。 该标志适用于以下险情：灼伤、眼部伤害、皮肤伤害、听力损伤、挤压或滑倒、跌倒、撞击、高空坠落等。此外，它还适用于某些涉及功能要求的警告消息，即在装配和移除设备过程中出现有可能损坏产品或引起产品故障的情况时，就会采用这一标志
5		静电放电（ESD）	针对可能会导致严重产品损坏的电气危险的警告

续表

序 号	提示符号标志	名 称	含义/举例
6		注意	描述重要的事实和条件
7		提示	描述从何处查找附加信息或如何以更简单的方式进行操作

2.1.2 ABB 工业机器人操纵器标签上的提示符号（岗前）

表 2.2 ABB 工业机器人操纵器标签上的提示符号（岗前）

序 号	提示符号标志	描 述
1		警告。 如果不依照说明操作，可能会发生事故，造成严重的伤害（可能致命）或重大的产品损坏。 该标志适用于以下险情：触碰高压电气单元、爆炸、火灾、吸入有毒气体、挤压、撞击、高空坠落等
2		注意。 如果不依照说明操作，可能会发生能造成伤害或产品损坏的事故。 该标志适用于以下险情：灼伤、眼部伤害、皮肤伤害、听力损伤、挤压或滑倒、跌倒、撞击、高空坠落等。此外，它还适用于某些涉及功能要求的警告消息，即在装配和移除设备过程中出现有可能损坏产品或引起产品故障的情况时，就会采用这一标志
3		禁止。 常与其他标志组合使用
4		请阅读用户文档。 阅读用户文档，了解详细信息
5		在拆卸之前，请参阅产品手册
6		不得拆卸。 拆卸此部件可能会导致伤害

续表

序　号	提示符号标志	描　述
7		旋转更大。 此轴的旋转范围（工作区域）大于标准范围
8		制动闸释放。 按此按钮将会释放制动闸。这意味着操纵臂可能会掉落
9		拧松螺栓有倾翻风险。 如果螺栓没有固定牢靠，操纵器可能会翻倒
10		挤压。 挤压伤害风险
11		高温。 存在可能导致灼伤的高温风险
12		机器人移动（6 轴）。 机器人可能会意外移动
13		机器人移动（4 轴）。 机器人可能会意外移动
14	制动闸释放按钮	
15		使用手柄关闭。 使用控制器上的电源开关

2.2　ABB 工业机器人设备标准操作规程（岗前）

表 2.3　ABB 工业机器人设备标准操作规程（岗前）

	ABB 工业机器人 设 备 标 准 操 作 规 程		
文件编号：GKBSS-01-20190601	设备名称	ABB 工业机器人　设备型号	IRB1410 IRB120

开机前应做到：

1）严禁任何非专业教师、非受训人员私自操作机器人。

2）操作人员必须熟知机器人的性能和操作注意事项。

3）机器人必须始终保持清洁的环境，确保无油、水及其他杂质等。

4）安装夹具或负载后确保安装螺钉全部安装到位，开机前必须检查各部件（电器、机械）是否正常，确认本体电缆与控制柜连接正确正常，方可启动机器人。

5）手腕部位及机械臂上的负荷必须控制在机器人允许搬运质量以内。

开机时应做到：

6）必须两人一组进行作业，一人保持可立即按下紧急停止按钮的姿势，另一人则在机器人的运动范围附近，确认好撤退路径、保持警惕并迅速作业。

7）严禁操作者戴手套操作工业机器人示教器和操作盘。

8)在进行手动操纵机器人时要预先考虑到机器人的运动趋势，避让机器人的运动轨迹，并确认该线路不受干涉，运动区域没有其他的受训学员。

准备运行时做到：

9）在程序进行试运行时需遵循先单步运行试验各点位正确再连续运行，采用较低的速度以增加对机器人的控制安全，避免速度突变造成伤害或损失。

10）严禁开机后未进行单步运行连续运行测试直接进入自动模式运行程序。

拆撤机器人应做到：

11）拆撤机器人控制器与本体前，确保主电柜主断路器断开，拔下主电源进线，插入相应防护措施，防止误将控制柜主电源接通。

12）拆装机器人夹具时如果机器人夹具质量较大请将机器人第 5 轴调至–90°即第 6 轴法兰盘朝上进行拆装，以免拆装时候伤害自身。

编制人：	审核人：		批准人：
日　　期：	日　　期：		日　　期：
请受训学员在理解上述步骤的要求后签字			
受训学员签字：			

2.3　操作 ABB 工业机器人的安全注意事项（岗中）

硬件方面：安全保护机制（在 I/O 部分讲解）。

机器人系统可以配备各种各样的安全保护装置，例如门互锁开关、安全光幕和安全垫等。最常用的是机器人单元的门互锁开关，打开此装置可暂停机器人。

软件方面：内置安全停止功能（在程序部分讲解）。

控制器连续监控硬件和软件功能。如果检测到任何问题或错误，机器人将停止操作，直到问题解决。

操作层面：如有以下情况请立即按下任意紧急停止按钮。

● 操纵器运行时，机器人操纵器区域内有工作人员。

● 操纵器伤害了工作人员或损伤了机器设备。

示教器上的紧急制动按钮处于如图 2.1 所示位置。

控制器上的紧急制动按钮位于如图 2.2 所示位置。

图 2.1　示教器上的紧急制动按钮

图 2.2　控制器上的紧急制动按钮

在操作层面，还有以下几点注意事项：

（1）机器人运行过程中如果操纵器系统发生火灾，请使用二氧化碳灭火器。

（2）工作结束后，请关闭控制柜的电源和其他设备的电源，如图 2.3 和图 2.4 所示。

图 2.3　关闭控制器上的电源开关

图 2.4　关闭总电源空气断路器

（3）紧急释放机器人手臂的具体操作如表 2.4 所示。

表 2.4　紧急释放机器人手臂的具体操作

	操　作	参 考 信 息
1	内部制动闸释放单元包含 6 个用于控制轴闸的按钮。按钮的数量与轴的数量一致	IRB120、IRB140、IRB1410 和 IRB360 的所有轴共用一个释放按钮
2	⚠ 危险 在释放制动闸时，机器人轴可能移动非常快，且有时无法预料其移动方式。必须确保机器人手臂附近或下方没有人	释放制动闸前，必须确保起重机或类似设备稳固支撑机器人手臂
3	按住内部制动闸释放面板上的对应按钮不动，即可释放特定机器人轴的制动闸。释放该按钮后，制动闸将恢复工作	

图 2.5 概述了机器人机架或基座内或机器人控制器上的制动闸释放单元。根据机器人型号的不同，此单元所处的位置可能略有不同。

每个轴都有一个按钮，除了 IRB120、IRB140、IRB1410 和 IRB360 共用一个按钮，一次释放所有轴的制动闸。制动闸释放单元已用金属板或塑料盖进行保护。

图 2.5 为六轴机器人的制动闸释放单元。对于四轴机器人，按钮 4 和按钮 5 闲置。

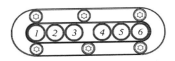

图 2.5　六轴机器人的制动闸释放单元

IRB1410 和 IRB120 的制动闸释放按钮分别如图 2.6 和图 2.7 所示。

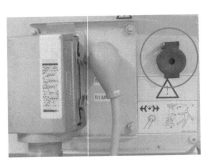

图 2.6　IRB1410 制动闸释放按钮

图 2.7　IRB120 制动闸释放按钮

（4）如何从紧急停止状态恢复正常工作。

① 确保已经排除所有危险或故障；

② 旋转紧急制动按钮至常开位置；

③ 按下"上电"按钮（IRB120 白色按钮的位置，如图 2.8 所示）。

（5）在校点过程中切记要使用增量模式，以免撞枪，如图 2.9 所示。

（6）在操纵控制柜的线路时请佩戴好去静电环，如图 2.10 所示。

图 2.8　IRB120 "上电" 按钮

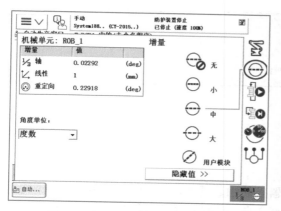

图 2.9　在校点过程中使用增量模式

图 2.10　佩戴去静电环

（7）在弧焊调试时请佩戴滤光眼镜，如图 2.11 所示。

图 2.11　滤光眼镜

2.4　操作 ABB 工业机器人的安全注意事项（岗后）

操作 ABB 工业机器人的几点安全注意事项（岗后）如下：

- 工业机器人归置 "零点" 位置；
- 示教器归置放置点，理顺线缆；
- 切断主电源；
- 填写交接班报表。

知识点练习

（1）请简述如何从紧急停止状态恢复正常工作。

（2）请简述如何紧急释放机器人手臂。

第 3 章

ABB 工业机器人硬件安装

【学习目标】
● 熟悉机器人 7 大技术参数。
● 了解 ABB 工业机器人控制柜和本体的电缆连接。

3.1 机器人 7 大技术参数

（1）自由度。

自由度可以用机器人的轴数进行描述，机器人的轴数越多，自由度就越多，机械结构运动的灵活性就越大，通用性就越强。但是自由度增多，使得机械臂结构变得复杂，会降低机器人的刚性。当机械臂上自由度多于完成工作所需要的自由度时，多余的自由度就可以为机器人提供一定的避障能力。目前大部分机器人都具有 3～6 个自由度，可以根据实际工作的复杂程度和障碍进行选择。

（2）驱动方式。

驱动方式主要指的是关节执行器的动力源形式，一般有液压驱动、气压驱动、电气驱动等，不同的驱动方式有各自的优势和特点，可以根据实际工作的需求进行选择，现在比较常用的是电气驱动的方式。

（3）控制方式。

机器人的控制方式也被称为控制轴的方式，主要是用来控制机器人的运动轨迹，一般来说，控制方式有伺服控制和非伺服控制两种。

（4）工作速度。

工作速度指的是机器人在合理的工作载荷下匀速运动的过程中，机械接口中心或者工具中心点在单位时间内转动的角度或者移动的距离。

（5）工作空间。

工作空间指的是在机器人操作机正常工作时，末端执行器的坐标系原点能在空间活动的最大范围，或者说该点可以到达的所有点所占的空间体积。

（6）工作载荷。

在规定的性能范围内工作时，机器人腕部所能承受的最大负载量。

（7）工作精度、重复精度和分辨率。

工作精度是指每次机器人定位一个位置所产生的误差；重复精度是机器人反复定位一个

位置产生误差的均值；分辨率则是指机器人的每个轴能够实现的最小的移动距离或者最小的转动角度。这 3 个参数共同决定机器人的工作精确度。

3.2 机器人硬件的认识

机器人由控制柜和机器人本体两部分组成，如图 3.1 和图 3.2 所示。

图 3.1 控制柜

图 3.2 机器人本体

以 IRB 1410 为例，其重要参数如下：

- 手腕持重：5 kg；
- 最大臂展半径：1.44 m；
- 轴数：6 轴；
- 重复定位精度：0.05 mm（多台机器人测试综合平均值）；
- 机器人版本：标准版；
- 防护等级：IP54；
- 轴运动：

轴	动作范围	最大速度/(°/s)	轴	动作范围	最大速度/(°/s)
1	回转+170°～-170°	120	4	腕+150°～-150°	280
2	立臂+70°～-70°	120	5	腕摆+115°～-115°	280
3	横臂+70°～-65°	120	6	腕传+300°～-300°	280

- 电源：3 相四线 380V（+15%，-10%），50 Hz；
- 耗电量：4 kV·A；
- 机器人尺寸：底座 620 mm×450 mm；
- 机器人重量：225 kg；
- 环境温度：5℃～45℃；
- 最大湿度：95%；
- 最大噪声：70 dB。

IRB 1410 在弧焊、物料搬运和过程应用领域历经考验，自 1992 年以来的全球安装数量已超过 14 000 台。IRB 1410 性能卓越、经济效益显著且资金回收周期短。IRB1410 还具有以下 5 方面特点。

① 可靠性——坚固且耐用。

IRB 1410 以其坚固可靠的结构而著称，而由此带来的其他优势是噪声水平低、例行维护间隔时间长、使用寿命长。

② 准确性——稳定可靠。

卓越的控制水平和循径精度（＋0.05 mm） 确保了出色的工作质量。

③ 坚固——即时应用。

该机器人工作范围大、到达距离长 （最长 1.44 m）。承重能力为 5 kg，上臂可承受 18 kg 的附加载荷，这在同类机器人中绝无仅有。

④ 高速——较短的工作周期。

机器人本体坚固，配备快速精确的 IRC5 控制器，可有效缩短工作周期，提高生产率。

⑤ 弧焊——集成。

在机器人手臂上的送丝机构，配合 IRC5 使用的弧焊功能以及专利的单点编程示教器，适合弧焊的应用。

3.3　安装要点——控制柜体吊装和占地面积（以 IRB1410 为例）

注意事项：

- 用行车将控制柜总成从木箱中吊出，起吊点如图 3.3 所示，确保控制柜平衡吊出（关于行车的操作方法请参考行车操作手册）；
- 控制柜的占地面积以图 3.4 为参考；
- 使用"桥式吊车"抬升操纵器，起吊点如图 3.5 所示。

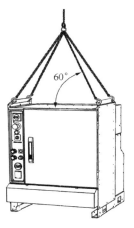

图 3.3　用行车将控制柜总成从木箱中吊出

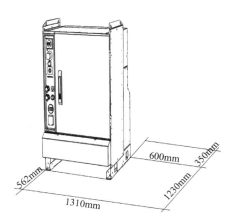

图 3.4　控制柜的占地面积

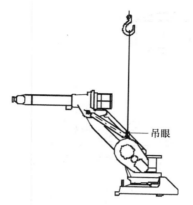

吊眼

图 3.5　使用"桥式吊车"抬升操纵器

3.4　安装要点——本体基座平面度、拧紧扭矩（以 IRB1410 为例）

IRB1410 本体基座占用空间如图 3.6 所示。

单位（mm）

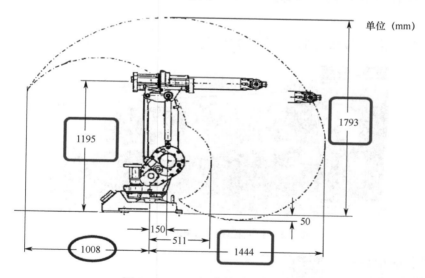

1195

1793

150

511

50

1008

1444

图 3.6　IRB1410 本体基座占用空间

操纵器必须安装在与图 3.7 中显示的钻孔布局相同的表面上。该表面级别要求如下：

- 用 3 个 M16 螺栓固定操纵器；
- 基座安装的平面度为 0.5；
- 基座螺栓拧紧力矩为 190Nm；
- 图 3.6 中 IRB1410 的本体占用空间是以第五轴铰接处为基准进行测量的，通常需要加装焊枪等工具，所以 IRB1410 本体的占用空间以 2 m^3 计为宜。

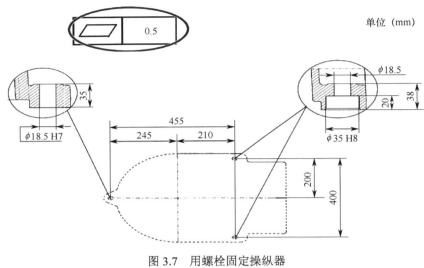

图 3.7 用螺栓固定操纵器

3.5 控制柜和本体的电缆连接

控制柜端的电缆连接如图 3.8～图 3.10 所示。

图 3.8 控制柜端的电缆连接（一）

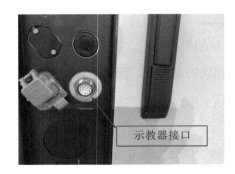

图 3.9 控制柜端的电缆连接（二）

图 3.10 控制柜端的电缆连接（三）

机器人本体端的电缆连接如图 3.11 所示。

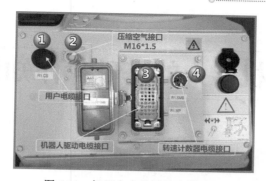

图 3.11　机器人本体端的电缆连接

知识点练习

（1）向其他学员解释机器人对外硬件接口与安装方法。

（2）再次阅读一遍机器人的 7 大技术参数。

第 4 章

ABB 工业机器人的基础操作知识

【学习目标】
● 熟悉机器人示教器的结构及其基本操作方法。
● 掌握更新 ABB 工业机器人转数计数器的方法。

4.1 示教器（FlexPendant）介绍

示教器是进行机器人的手动操纵、程序编写、参数设置以及监控用的手持装置，也是与工业机器人最常打交道的控制装置。

示教器界面（正、反面）如图 4.1 和图 4.2 所示。

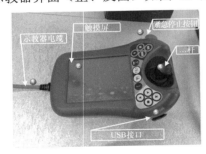

图 4.1 示教器界面（正面）

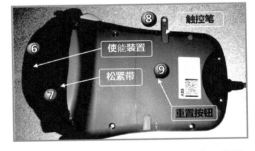

图 4.2 示教器界面（反面）

示教器界面部件的具体说明见表 4.1。

表 4.1 示教器界面部件具体说明

序 号	部件名称	功能解释
1	示教器电缆	与控制柜通信
2	触摸屏	人机交互窗口
3	紧急停止按钮	异常情况下停止机器人运动
4	控制杆	手动操纵机器人运动
5	USB 接口	数据的上传、下载接口
6	使能装置	手动状态下电机上电
7	松紧带	手握安全带调整
8	触控笔	单击触摸屏
9	重置按钮	示教器死机后的重启动

4.1.1　示教器触摸屏界面认识

示教器的触摸屏界面如图 4.3 所示。

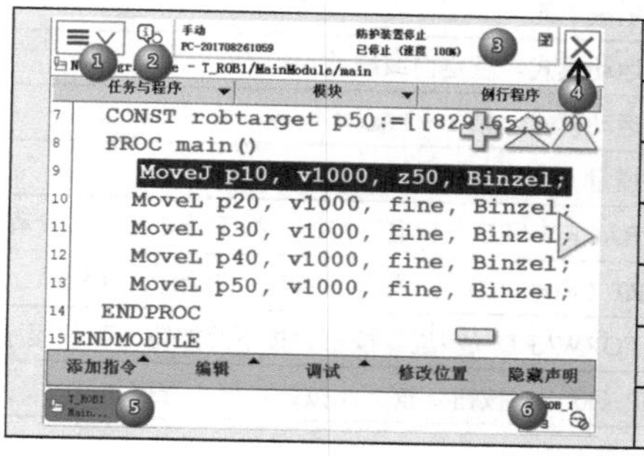

序号	名称
1	ABB 菜单
2	人机对话窗口
3	状态栏
4	关闭按钮
5	任务栏
6	快捷设置菜单

图 4.3　示教器的触摸屏界面

（1）ABB 菜单。

可以从 ABB 菜单中选择以下项目：

- HotEdit；
- 输入和输出；
- 微动控制；
- Production Window（运行时窗口）；
- Program Editor（程序编辑器）；
- Program Data（程序数据）；
- Backup and Restore（备份与恢复）；
- Calibration（校准）；
- Control Panel（控制面板）；
- Event Log（事件日志）；
- FlexPendant Explorer（示教器资源管理器）。

（2）人机对话窗口。

人机对话窗口显示操作者和机器人交互的信息，可以为机器人输出相关信息，也可以允许操作者输入某些信息。

（3）状态栏。

状态栏显示与系统状态相关的信息，如操作模式（手动/自动）、电机开启/关闭、工作站系统名称、电机工作速度等。

（4）关闭按钮。

单击关闭按钮可以关闭当前打开的界面。

（5）任务栏。

任务栏显示所有打开的视图窗口，并可以在多个视图窗口间进行切换，系统最多可以打开 6 个视图窗口。

（6）快捷设置菜单。

类似 Windows 系统的开始菜单，通过快捷设置菜单可以进行微动控制等设置。

示教器硬件按钮的介绍如图 4.4 所示。

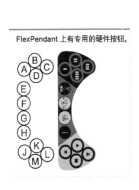

A～D	预设按键。有关如何定义其各项功能的详细信息请参见操作员手册中 FlexPendant 的 IRC5 "预设按键" 一节
E	选择机械单元
F	切换运动模式，重定向或线性
G	切换运动模式，轴 1～3 或轴 4～6
H	切换增量
J	Step BACKWARD（步退）按钮。按下此按钮，可使程序后退至上一条指令
K	START（启动）按钮。按下此按钮，开始执行程序
L	Step FORWARD（步进）按钮。按下此按钮，可使程序前进至下一条指令
M	STOP（停止）按钮。按下此按钮，停止程序执行

图 4.4　示教器硬件按钮介绍

4.1.2　示教器的操作方式

ABB 工业机器人的示教器提供左手、右手两种操作模式，具体设置见图 4.5 和图 4.6。

图 4.5　设置示教器操作模式（一）

图 4.6　设置示教器操作模式（二）

在外观页面可以进行操作方式、屏幕显示亮度的调节，如图 4.7 所示。

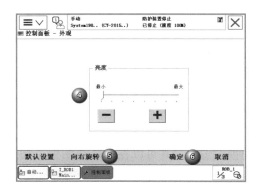

图 4.7　调节操作方式、屏幕显示亮度

左手、右手操作模式的示意图分别如图 4.8 和图 4.9 所示。

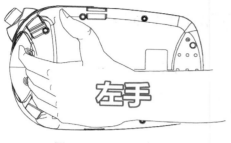

图 4.8　左手操作模式

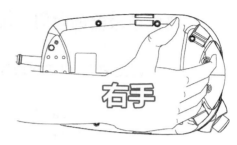

图 4.9　右手操作模式

4.2　设定示教器的显示语言

设置示教器的显示语言有两个途径：

① 在创建系统的过程中选择目标语言；

② 在示教器中修改语言（以更改英文操作界面为例，如图 4.10 所示）。

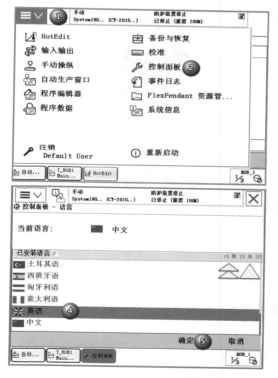

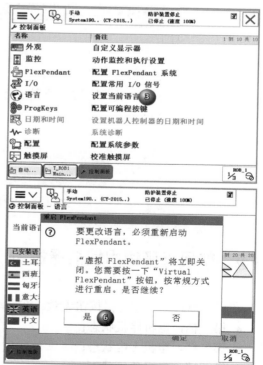

图 4.10　设置示教器的显示语言

操作界面在重新启动虚拟示教器后就是英文界面了。

4.3 设定示教器的时间（虚拟示教器无法更改时间）

在控制面板上选择"日期和时间"，设定示教器的时间，如图 4.11 和图 4.12 所示。

图 4.11 选择"日期和时间"

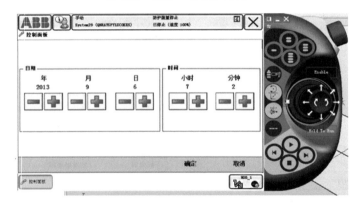

图 4.12 设定示教器的时间

4.4 如何正确使用使能器按钮

在自动模式下，使能器按钮无效。在手动模式下，使能器有 3 个档位：

- 第一档，电机停机状态；
- 第二档，电机上电状态；
- 第三档，电机急停状态。

注：当使能器处于第三档位置时必须回到第一档后才能再次上电操作。

使能器按钮及其使用方法如图 4.13 和图 4.14 所示。

在手动模式下，当使能器在档位 1 和档位 3 时，机器人处于"防护装置停止"状态，如图 4.15 所示。

图 4.13　使能器按钮

图 4.14　使能器按钮的使用方法

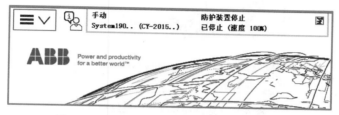

图 4.15　机器人处于"防护装置停止"状态

在手动模式下，当使能器在档位 2 时，机器人处于"电机开启"状态，如图 4.16 所示。

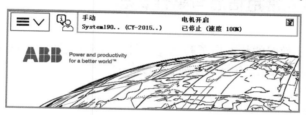

图 4.16　机器人处于"电机开启"状态

4.5　控制杆锁定功能

开启控制杆锁定功能的步骤如下：

① 单击下拉菜单；

② 单击菜单栏中的"手动操纵"选项，如图 4.17 所示；

③ 单击"操作杆锁定"选项，如图 4.18 所示；

图 4.17　单击"手动操纵"选项

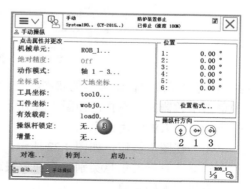

图 4.18　单击"操纵杆锁定"选项

④ 根据需要选择锁定的操纵杆方向，如图 4.19 所示；

⑤ 单击"确定"按钮。

图 4.19　选择需要锁定的操纵杆方向

4.6　查看机器人常用信息与事件日志

操作者可以通过示教器的状态栏了解当前机器人的相关信息，如图 4.20 所示。主要包含：

- 机器人的状态（手动、全速手动或自动）；
- 机器人的系统信息；
- 机器人电机状态；
- 机器人程序的运行状态；
- 当前机器人或外轴的使用状态。

图 4.20　示教器的状态栏

操作者可以通过单击示教器的状态栏查看 ABB 工业机器人的常用信息，具体步骤如下：

① 单击示教器的状态栏，如图 4.21 所示；

② 查看机器人的常用信息；

③ 单击"视图"按钮，如图 4.22 所示；

④ 选择需要查看的信息类别，有利于快速查看故障等相关信息；

⑤ 查看机器人的信息。

注：在事件日志界面，操作者可以进行相关日志的保存、删除等操作。

图 4.21　单击示教器状态栏

图 4.22　单击"视图"按钮

4.7　ABB 工业机器人相关数据的备份与恢复

ABB 工业机器人数据备份的对象是所有正在系统内存中运行的 RAPID 程序和工作站系统参数。当机器人系统出现错乱或者重新安装系统以后，可以通过备份快速地把机器人恢复至备份时的工作状态。

4.7.1　备份

ABB 工业机器人相关数据备份的具体步骤如下：

① 单击下拉菜单；

② 单击"备份与恢复"选项，如图 4.23 所示；

③ 单击"备份当前系统…"图标，如图 4.24 所示；

图 4.23　单击"备份与恢复"选项

图 4.24　单击"备份当前系统"图标

④ 单击"ABC…"按钮，修改备份文件夹及名称，如图 4.25 所示；

⑤ 单击"…"按钮修改备份路径（可以备份到 U 盘）；

⑥ 单击"备份"按钮。

图 4.25　设置备份文件夹、名称和备份路径，进行备份

4.7.2　恢复

ABB 工业机器人相关数据恢复的具体步骤如下：

① 单击下拉菜单；

② 单击"备份与恢复"选项，如图 4.26 所示；

③ 单击"恢复系统…"图标，如图 4.27 所示；

图 4.26　单击"备份与恢复"选项

图 4.27　单击"恢复系统…"图标

④ 单击"…"按钮，如图 4.28 所示；

⑤ 选择需要恢复的系统文件夹，如图 4.29 所示；

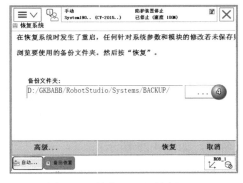

图 4.28　单击"…"按钮

图 4.29　选择需要恢复的系统文件夹

⑥ 单击"确定"按钮；

⑦ 单击"恢复"按钮，如图 4.30 所示；

⑧ 单击"是"按钮，如图 4.31 所示；

图 4.30　单击"恢复"按钮

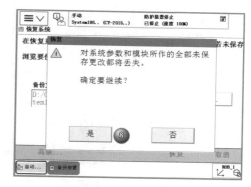

图 4.31　单击"是"按钮

⑨ 机器人系统重启，如图 4.32 所示。

图 4.32　机器人系统重启

4.8　ABB 工业机器人的手动操纵

ABB 工业机器人的手动操纵模式有单轴运动、线性运动和重定位运动 3 种模式。

4.8.1　单轴运动

单轴运动的定义：围绕轴中心线做圆周运动。设置单轴运动的具体步骤如下：

① 单击下拉菜单；

② 选择"手动操纵"选项，如图 4.33 所示；

③ 单击"动作模式"选项，如图 4.34 所示；

④ 选择"轴 1-3"或"轴 4-6"，分别对应轴 1、2、3 和轴 4、5、6；

⑤ 单击"确定"按钮，如图 4.35 所示。

图 4.33　选择"手动操纵"选项

图 4.34　单击"动作模式"选项

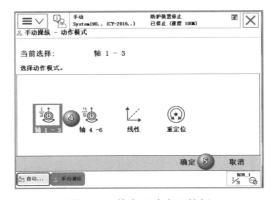

图 4.35　单击"确定"按钮

操作杆指示方向如图 4.36 和图 4.37 所示。

图 4.36　轴 1、2、3 操纵杆指示方向

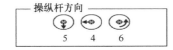

图 4.37　轴 4、5、6 操纵杆指示方向

示教器或虚拟示教器上电后按照操纵杆的指示方向进行对应轴的操纵。

4.8.2　线性运动

线性运动定义：TCP 在空间做直线运动。

在手动操纵页面，动作模式选择"线性"后单击"确定"按钮即可。具体设置步骤如下：

第①、②、③步与 4.8.1 节相同，如图 4.33 和 4.34 所示；

④ 选择"线性"，如图 4.38 所示；

⑤ 单击"确定"按钮。

操纵杆指示方向如图 4.39 所示。

注：在线性运动模式下，如果未在"工具坐标"中选择指定的工具，则系统默认选择"tool0"，这时的 TCP 点在第六轴法兰的中心。

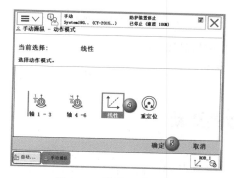

图 4.38　选择"线性"

图 4.39　操纵杆指示方向

4.8.3　重定位运动

重定位运动的定义：机器人第六轴法兰盘上的工具 TCP 点在空间绕坐标轴做旋转运动，也可以理解为机器人绕着工具 TCP 点做姿态调整运动。

在手动操纵页面，动作模式选择"重定位"后单击"确定"按钮即可。具体设置步骤如下：

第①、②、③步与 4.8.1 节相同，如图 4.33 和图 4.34 所示；

④ 选择"重定位"，如图 4.40 所示；

⑤ 单击"确定"按钮；

⑥ 单击"坐标系"选项，如图 4.41 所示；

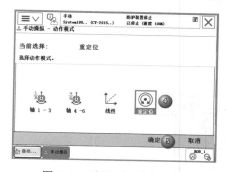

图 4.40　选择"重定位"

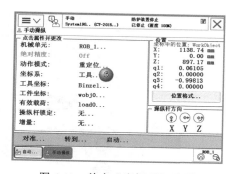

图 4.41　单击"坐标系"选项

⑦ 选择"工具"坐标系，如图 4.42 所示；

⑧ 单击"确定"按钮。

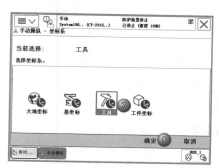

图 4.42　选择"工具"坐标系

操纵杆指示方向如图 4.43 所示。

注：在重定位运动模式下，如果未在"工具坐标"中选择指定的工具，则系统默认选择"tool0"，这时的 TCP 点在第六轴法兰的中心。

图 4.43　操纵杆指示方向

4.9　ABB 工业机器人的转数计数器更新

ABB 工业机器人的每个关节轴都有一个机械原点的位置，在以下情况需要对机械原点的位置进行转数计数器更新：

- 更换伺服电动机的转速计数器电池后；
- 转数计数器发生故障并完成修复后；
- 转数计数器与测量板之间断开以后；
- 断电后，机器人关节轴发生了移动；
- 系统提示"10036 转数计数器未更新"时。

更新前首先将机器人关节轴运动至机械原点刻度，调零的顺序是：4-5-6-1-2-3，以 IRB1410 为例，6 个轴的机械原点分布如图 4.44 所示。

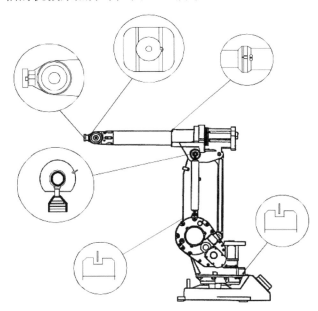

图 4.44　IRB1410 6 个轴的机械原点

先将每个轴调至机械原点,初期手动微调各轴至机械原点(刻度线中间位置,单轴显示 0°),后期可用 Move absJ 指令实现。

注：各个型号的机器人机械原点的刻度位置会有所不同，具体请参看 ABB 工业机器人随机光盘说明书。

ABB 工业机器人的转数计数器更新步骤如下：

① 选择 4-6 轴手动操纵模式，将关节轴 4 运动至机械原点刻度位置，如图 4.45 所示；

② 选择 4-6 轴手动操纵模式，将关节轴 5 运动至机械原点刻度位置，如图 4.46 所示；

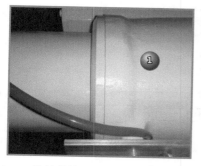
图 4.45　将关节轴 4 运动至机械原点刻度位置

图 4.46　将关节轴 5 运动至机械原点刻度位置

③ 选择 4-6 轴手动操纵模式，将关节轴 6 运动至机械原点刻度位置，如图 4.47 所示；

④ 选择 1-3 轴手动操纵模式，将关节轴 1 运动至机械原点刻度位置，如图 4.48 所示；

图 4.47　将关节轴 6 运动至机械原点刻度位置

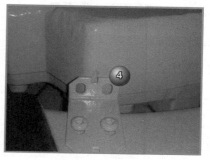
图 4.48　将关节轴 1 运动至机械原点刻度位置

⑤ 选择 1-3 轴手动操纵模式，将关节轴 2 运动至机械原点刻度位置，如图 4.49 所示；

⑥ 选择 1-3 轴手动操纵模式，将关节轴 3 运动至机械原点刻度位置，如图 4.50 所示；

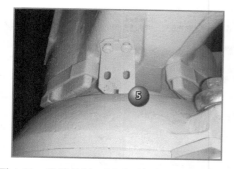
图 4.49　将关节轴 2 运动至机械原点刻度位置

图 4.50　将关节轴 3 运动至机械原点刻度位置

⑦ 单击下拉菜单；

⑧ 选择"校准"，如图 4.51 所示；

⑨ 单击"校准"按钮，如图 4.52 所示；

图 4.51 选择"校准"

图 4.52 单击"校准"按钮

⑩ 选择"校准 参数",如图 4.53 所示;

⑪ 选择"编辑电机校准偏移…";

⑫ 单击"是"按钮,如图 4.54 所示;

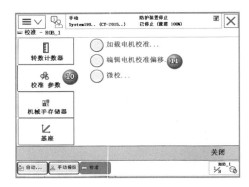

图 4.53 选择"校准 参数"

图 4.54 单击"是"按钮

⑬ 修改各轴偏移值,如图 4.56 所示;

⑭ 单击"确定"按钮;

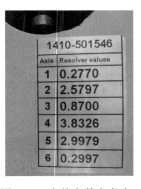

图 4.55 本体参数参考表

图 4.56 修改各轴偏移值

注:将步骤⑬的参数与本体上的参数(如图 4.55 所示,每一台机器人的参数几乎都是唯一的)进行对比,如一致,则无须更改。(图 4.56 的参数是虚拟示教器上的理论值,所以每个轴的偏移值全部为零,实际情况是每个轴的偏移值都是不一致的。)

⑮ 单击"是"按钮，如图 4.57 所示；

⑯ 重启之后再次进入该界面，选择"转数计数器"，如图 4.58 所示；

⑰ 单击"更新转数计数器…"选项；

图 4.57　单击"是"按钮

图 4.58　选择"转数计数器"

⑱ 单击"是"按钮，如图 4.59 所示；

⑲ 选择机械单元"ROB_1"，如图 4.60 所示；

⑳ 单击"确定"按钮；

图 4.59　单击"是"按钮

图 4.60　选择"ROB_1"

㉑ 选择需要更新转数计数器的轴，如图 4.61 所示；

㉒ 单击"更新"按钮；

㉓ 单击"更新"按钮，确定更新转数，如图 4.62 所示。

图 4.61　选择需要更新转数计数器的轴

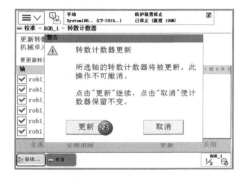

图 4.62　确定更新转数

知识点练习

（1）独立将转数计数器更新。

（2）对机器人相关数据进行备份与恢复。

（3）练习简单的机器人手动操作。

第 5 章

ABB 工业机器人的 I/O 通信

【学习目标】
- 初步了解 ABB 工业机器人通信的种类。
- 了解常用 ABB 工业机器人标准 I/O 板。
- 熟练掌握对 I/O 板的配置步骤和各种信号的配置步骤。
- 了解 Profibus 过程现场总线并学会在 ABB 工业机器人系统中进行配置。
- 掌握系统输入/输出与 I/O 信号的关联。
- 掌握配置示教器可编程按键的方法。
- 了解 ABB 工业机器人的安全保护机制——硬件停止。

5.1 ABB 工业机器人 I/O 通信的种类

ABB 工业机器人提供了丰富的 I/O 通信接口，可以有选择地与周边设备进行通信。ABB 工业机器人的常用通信协议见表 5.1。

表 5.1 ABB 工业机器人的常用通信协议

PC	现场总线	ABB 标准
RS232\RS485 通信[①]	Device Net[②]	标准 I/O 板[③]
OPC Server	Profibus	PLC
Socket Message	Profinet	……
	Profibus-DP	
	EtherNet IP	

注： ① 一种通信协议；

② 目前工控行业通用的现场总线协议；

③ ABB 工控领域的通用标准设备。

关于 ABB 工业机器人 I/O 通信接口的补充说明：

由 ABB 工业机器人的标准 I/O 板提供的常用信号有数字输入（di）、数字输出（do）、模拟输入（ai）、模拟输出（ao）以及输送链跟踪等。

ABB 工业机器人可以选配 ABB 标配的 PLC，省去与其他品牌 PLC 进行通信设置的麻烦，并且在机器人的示教器上就能实现与 PLC 相关的操作。

本章将以最常见的 ABB 标准 I/O 板 DQSC651 和 Profibus-DP 为例详细讲解。

5.1.1 PC 通信协议

1．RS232（C）通信协议

RS232（C）是美国电子工业协会 EIA（Electronic Industry Association）制定的一种串行物理接口标准。RS 是英文"推荐标准"的缩写，232/485 为标识号，C 表示修改次数。

使用举例：计算机用于连接打印机、投影仪的 COM 接口等，如图 5.1 所示；ABB 工业机器人用于连接 Profibus-DP 的（RS485）COM 接口等，如图 5.2 所示。

图 5.1　RS232 接口端　　　　　　　　图 5.2　RS485 接口端

二者的区别如下：

- 从接线上来看，RS232 是三线制，RS485 是两线制；
- 从传输距离上来看，RS232 只能传输 15m，RS485 最远可以传输 1200m；
- 从速度上来看，RS232 是全双工传输，RS485 是半双工传输；
- 从协议层上来看，RS232 只支持点对点通信（1∶1），RS485 支持总线形式的通信（1∶N）。

2．OPC server 通信协议

OPC 是一种利用微软的 COM/DCOM 技术来达成自动化控制的协定。

OPC 为硬件制造商与软件开发商提供了一条桥梁。硬件制造商提供的 OPC Server 接口端使软件开发商不必考虑不同硬件间的差异，便可从硬件接口端取得所需的信息。软件开发商仅需专注于程序本身控制流程的运作即可。

3．Socket Message 通信协议

Socket 通常也称作"套接字"，用于描述 IP 地址和端口，是一个通信链的句柄。应用程序通常通过"套接字"向网络发出请求或者应答网络请求。

5.1.2 现场总线

现场总线是安装在制造或过程区域的现场装置与控制室内的自动装置之间的数字式、串行、多点通信的数据总线。它是一种工业数据总线，是自动化领域中的底层数据通信网络。现场总线以数字通信替代了传统 4～20 mA 的模拟信号及普通开关量信号的传输。

1．Device Net

Device Net 是一种低成本的通信连接，也是一种简单的网络解决方案，有着开放的网络标准。

Device Net 是 20 世纪 90 年代中期发展起来的一种基于 CAN（Controller Area Network）技术的开放型、符合全球工业标准的低成本、高性能的通信网络，最初由美国 Rockwell 公司开发应用。

Device Net 现已成为国际标准 IEC62026-3《低压开关设备和控制设备控制器设备接口》，并已被列为欧洲标准，也是亚洲和美洲的设备网标准。2002 年 10 月，Device Net 被批准为中国国家标准 GB/T18858.3-2002，并于 2003 年 4 月 1 日起实施。

Device Net 是一种低成本的通信总线。它将工业设备（如限位开关、光电传感器、阀组、马达启动器、过程传感器、条形码读取器、变频驱动器、面板显示器和操作员接口）连接到网络，从而消除了昂贵的硬接线成本。其直接互连性改善了设备间的通信，并同时提供了相当重要的设备级诊断功能。这是通过硬接线 I/O 接口很难实现的。

Device Net 是一种简单的网络解决方案，在提供多供货商同类部件间的可互换性的同时，减少了配线和安装工业自动化设备的成本和时间。Device Net 不仅仅使设备之间以一根电缆互相连接和通信，更重要的是它给系统所带来的设备级的诊断功能。该功能在传统的 I/O 上是很难实现的。

Device Net 是一个开放的网络标准。规范和协议都是开放的，供货商将设备连接到系统时，无须为硬件、软件授权付费。任何对 Device Net 技术感兴趣的组织或个人都可以从开放式 Device Net 供货商协会（ODVA）获得 Device Net 规范，并可以加入 ODVA，参加对 Device Net 规范进行增补的技术工作组。

Device Net 的许多特性沿袭于 CAN。CAN 总线是一种设计良好的通信总线，主要用于实时传输控制数据。Device Net 的主要特点：短帧传输，每帧的最大数据为 8 个字节；无破坏性的逐位仲裁技术；网络最多可连接 64 个节点；数据传输波特率为 128 kb/s、256 kb/s、512 kb/s；点对点、多主或主/从通信方式；采用 CAN 的物理和数据链路层规约。

2．分散型外围设备总线（Profibus-Decentralized Periphery，Profibus-DP）

Profibus 是德国标准（DIN19245）和欧洲标准（EN50170）的现场总线标准。由 Profibus－DP、Profibus－FMS、Profibus－PA 系列组成。DP 用于分散外设间高速数据传输，适用于加工自动化领域。FMS 适用于纺织、楼宇自动化、可编程控制器、低压开关等。PA 适用于过程自动化的总线类型，服从 IEC1158－2 标准。Profibus 支持主—从系统、纯主站系统、多主多从混合系统等几种传输方式。Profibus 的传输速度为 9.6 Kb/s～12 Mb/s，最大传输距离在 9.6 Kb/s 下为 1200 m，在 12 Mb/s 下为 200 m，可采用中继器延长至 10 km，传输介质为双绞线或者光缆，最多可挂接 127 个站点。

3．CC-Link

CC-Link 是 Control&Communication Link（控制与通信链路系统）的缩写，在 1996 年 11 月，由三菱电机为主导的多家公司推出，增长势头迅猛，在亚洲占有较大份额。CC-Link 可以将控制和信息数据同时以 10 Mb/s 高速传送至现场网络，具有性能卓越、使用简单、应用广泛、节省成本等优点。CC-Link 不仅解决了工业现场配线复杂的问题，同时具有优异的抗噪性能和兼容性。CC-Link 是一个以设备层为主的网络，同时也可覆盖较高层次的控制层和较低层次的传感层。2005 年 7 月，CC-Link 被中国国家标准委员会批准为中国国家标准指导性技术文件。

4．控制器局域网（Controller Area Network，CAN）

CAN 最早由德国 BOSCH 公司推出，广泛用于离散控制领域。其总线规范已被 ISO 国际标准组织制定为国际标准，得到了 Intel、Motorola、NEC 等公司的支持。CAN 协议分为两层：物理层和数据链路层。CAN 的信号传输采用短帧结构，传输时间短，具有自动关闭功能和较强的抗干扰能力。CAN 支持多主工作方式，采用非破坏性总线仲裁技术，通过设置优先级来避免冲突，通信距离最远可达 10 km（5 Kb/s），通信速度最高可达 1 Mb/s，网络节点数实际可达 110 个。已有多家公司开发了符合 CAN 协议的通信芯片。

5．通信接口实例及说明

一些常用的通信接口实例如图 5.3～图 5.6 所示。

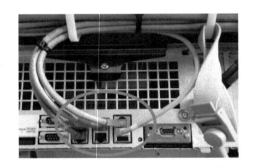

图 5.3　与 PC 通信的接口

图 5.4　Profibus-DP 现场总线接口

图 5.5　DeviceNet 现场总线接口

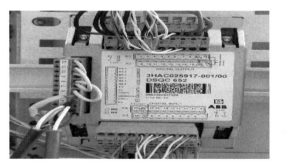

图 5.6　ABB 标准 I/O 板接口

5.2　常用 ABB 工业机器人标准 I/O 板的说明

ABB 工业机器人常用的标准 I/O 板见表 5.2。

表 5.2　ABB 工业机器人常用的标准 I/O 板

序　号	型　号	简 要 说 明
1	DSQC355A	分布式 I/O 单元（模拟量输入/输出）
2	DSQC377A/B	输送链跟踪单元
3	DSQC651	分布式 I/O 单元（数字输入/输出，带 AD 输出）
4	DSQC652	分布式 I/O 单元（数字输入/输出）
5	DSQC653	分布式 I/O 单元（继电器型数字输入/输出）

　　下面将以 DSQC651 为例说明各接口地址的分配情况，其他 I/O 板的接口地址分配详见 ABB 工业机器人的随机光盘或工控帮的论坛。

　　DSQC651 I/O 板提供 8 个数字输入/输出信号和两个模拟量输出信号。

1．模块接口说明

DSQC651 I/O 板的接口如图 5.7 所示，分别说明如下：

① 数字信号 X1 输出接口；

② 模拟信号 X6 输出接口；

③ DeviceNet 总线 X5 接口；

④ 数字信号 X3 输入接口。

2．模块接口连接说明

DSQC651 I/O 板接口连接说明见表 5.3 和表 5.4。

图 5.7　DSQC651 I/O 板接口

表 5.3　DSQC651 I/O 板接口 X6 端子和 X1 端子连接说明

X6 端子编号	使用定义	地址分配	X1 端子编号	使用定义	地址分配
1	未使用		1	OUTPUT0	32
2	未使用		2	OUTPUT1	33
3	未使用		3	OUTPUT2	34
4	0 V		4	OUTPUT3	35
5	模拟输出 AO1	0-15	5	OUTPUT4	36
6	模拟输出 AO2	16-31	6	OUTPUT5	37
			7	OUTPUT6	38
			8	OUTPUT7	39
			9	0 V	
			10	24 V	

表 5.4　DSQC651 I/O 板接口 X3 端子和 X5 端子连接说明

X3 端子编号	使用定义	地址分配	X5 端子编号	使用定义
1	INPUT0	0	1	0 V，黑色
2	INPUT1	1	2	CAN 信号线，low，蓝色
3	INPUT2	2	3	屏蔽线

续表

X3 端子编号	使用定义	地址分配	X5 端子编号	使用定义
4	INPUT3	3	4	CAN 信号线，high，白色
5	INPUT4	4	5	24 V 红色
6	INPUT5	5	6	GND 地址选择公共端
7	INPUT6	6	7	模块 ID 1
8	INPUT7	7	8	模块 ID 2
9	0 V		9	模块 ID 3
10	未使用		10	模块 ID 4
			11	模块 ID 5
			12	模块 ID 6

注：ABB 标准 I/O 板是挂在 Device Net 总线上的，所以需要设定 I/O 板的地址。X5 端子的 6—12 的跳线决定了该 I/O 板在 Device Net 总线上的地址，其中 6 号针脚是 GND 公共端，7—12 号针脚是地址选择端，地址范围为 0~63，见表 5.5。

表 5.5　X5 端子针脚对应地址值

针脚	6	7	8	9	10	11	12
	GND	2^0	2^1	2^2	2^3	2^4	2^5
地址值	0	1	2	4	8	16	32

例如，设定地址为"0"的 I/O 板，7—12 的所有针脚全部与 6 号针脚连通，如图 5.8 所示。

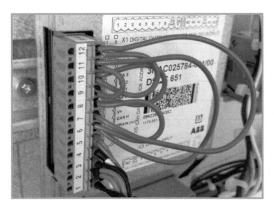

图 5.8　7—12 的所有针脚全部与 6 号针脚连通

5.3　实践 ABB 工业机器人标准 I/O 板（DSQC651）配置

5.3.1　配置 ABB 工业机器人标准 I/O 板

ABB 工业机器人标准 I/O 板（DSQC651）需要配置的参数见表 5.6。

表 5.6　ABB 工业机器人标准 I/O 板（DSQC651）需要配置的参数

参 数 名 称	设 定 值	说 明
Type of Unit	由用户选择	I/O 板的型号已经集成在系统中
Name	d651_GKB	设定 I/O 板在系统中的名称
Address	（0～63）	设定 I/O 板在总线中的地址

1. DSQC651 配置步骤

DSQC651 的配置步骤如下：

① 单击下拉菜单；

② 选择"控制面板"，如图 5.9 所示；

③ 单击"配置系统参数"选项，如图 5.10 所示；

图 5.9　选择"控制面板"　　　　　图 5.10　单击"配置系统参数"选项

④ 选择 "DeviceNet Device"，如图 5.11 所示；

⑤ 单击"添加"按钮，如图 5.12 所示；

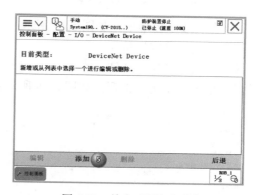

图 5.11　选择 "DeviceNet Device"　　　　　图 5.12　单击"添加"按钮

⑥ 单击下拉菜单；

⑦ 选择"DSQC 651Combi I/O Device"，如图 5.13 所示；

⑧ 单击"d651"选项，如图 5.14 所示；

图 5.13　选择"DSQC 651Combi I/O Device"

图 5.14　单击"d651"选项

⑨ 修改 I/O 板名称，如图 5.15 所示；

⑩ 单击 "确定"按钮；

⑪ 单击 I/O 板地址"63"，如图 5.16 所示；

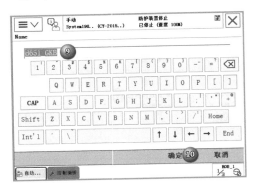

图 5.15　修改 I/O 板名称

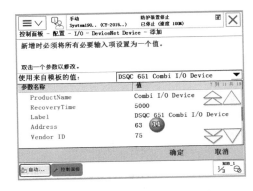

图 5.16　单击 I/O 板地址"63"

⑫ 修改 I/O 板地址，如图 5.17 所示；

⑬ 单击"确定"按钮；

⑭ 单击"确定"按钮；

⑮ 单击"确定"按钮，如图 5.18 所示；

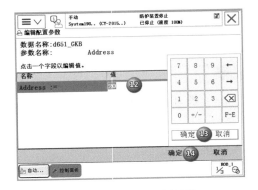

图 5.17　修改 I/O 板地址

图 5.18　单击"确定"按钮

⑯ 单击"是"按钮，重启系统，如图 5.19 所示。

至此，地址为 20 的 I/O 板就建立完成了，待系统重新启动后，便可以查看刚建立的 I/O 板是否生效。

2. 查看刚建立的 I/O 板

查看 I/O 板的步骤如下：

① 单击下拉菜单；

② 选择"输入输出"，如图 5.20 所示；

③ 单击"视图"选项，弹出菜单；

④ 选择"IO 设备"；

⑤ 在输入输出页面可以确认地址为 20 的 I/O 板已经可以使用了，如图 5.21 所示。

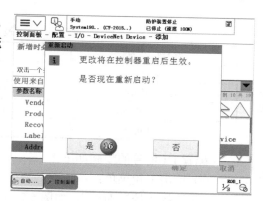

图 5.19 重启系统

图 5.20 选择"输入输出"

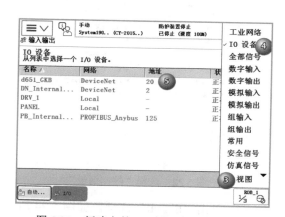

图 5.21 新建立的 I/O 板已在列表中

5.3.2 配置信号

常见的信号类型及名称见表 5.7。

表 5.7 常见的信号类型及名称

序　号	信 号 类 型	名　　称
1	Digital Input	数字输入信号
2	Digital Output	数字输出信号
3	Analog Input	模拟量输入信号
4	Analog Output	模拟量输出信号
5	Group Input	组输入信号
6	Group Output	组输出信号

1. 配置数字输入（DI）信号

定义数字输入（DI）信号参数见表 5.8。

表 5.8 DI 信号参数

参 数 名 称	设 定 值	说 明
Name	di_**	设定输入信号的名称
Type of Signal	Digital Input	设定信号的类型
Assigned to Device	d651_gkbd651_00	设定信号所在的 I/O 单元
Device Mapping	（0～7）	设定信号在 I/O 板中的地址

配置 DI 信号的步骤如下：

① 单击下拉菜单；

② 选择"控制面板"，如图 5.22 所示；

③ 选择"配置系统参数"，如图 5.23 所示；

图 5.22 选择"控制面板"

图 5.23 选择"配置系统参数"

④ 单击"Signal"选项，如图 5.24 所示；

⑤ 单击"添加"按钮，如图 5.25 所示；

图 5.24 单击"Signal"选项

图 5.25 单击"添加"按钮

⑥ 双击"Name"选项，如图 5.26 所示；

⑦ 修改信号名称，如图 5.27 所示；

⑧ 单击"确定"按钮；

⑨ 双击"Type of Signal"选项，如图 5.28 所示；

⑩ 选择信号类型，如图 5.29 所示；

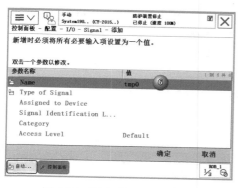

图 5.26　双击"Name"选项

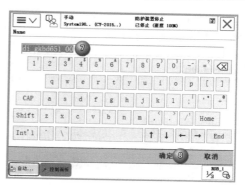

图 5.27　修改信号名称

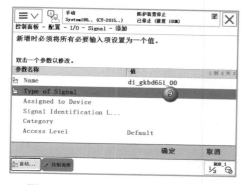

图 5.28　双击"Type of Signal"选项

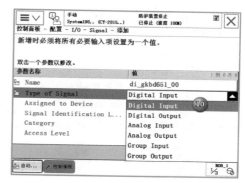

图 5.29　选择信号类型

⑪ 双击"Assigned to Device"选项，如图 5.30 所示；

⑫ 选择设备名称，如图 5.31 所示；

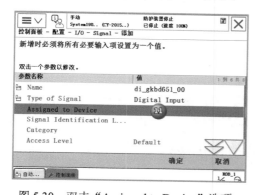

图 5.30　双击"Assigned to Device"选项

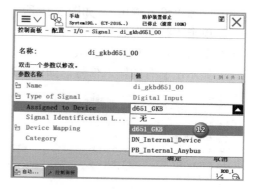

图 5.31　选择设备名称

⑬ 双击"Device Mapping"选项，如图 5.32 所示；

⑭ 分配信号地址；

⑮ 单击"确定"按钮，如图 5.33 所示；

⑯ 单击"确定"按钮，如图 5.34 所示；

⑰ 单击"是"按钮，重启控制系统，如图 5.35 所示。

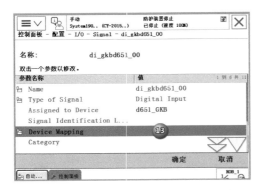

图 5.32　双击"Device Mapping"选项

图 5.33　分配信号地址并单击"确定"按钮

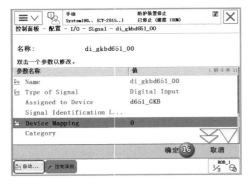

图 5.34　单击"确定"按钮

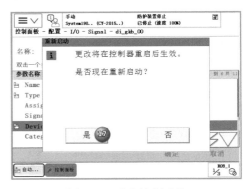

图 5.35　重启控制系统

查看新建立的输入信号，并对 di_gkbd651_00 进行仿真，其步骤如下：

① 单击下拉菜单；

② 选择"输入输出"，如图 5.36 所示；

③ 单击"视图"选项；

④ 单击"数字输入"选项；

⑤ 显示出已有的输入信号，如图 5.37 所示；

图 5.36　选择"输入输出"

图 5.37　显示出已有的输入信号

⑥ 选中"di_gkbd651_00"，如图 5.38 所示；

⑦ 单击"仿真"按钮；

⑧ 单击"1"按钮，如图 5.39 所示；

⑨ di_gkbd651_00 的仿真为"1"；

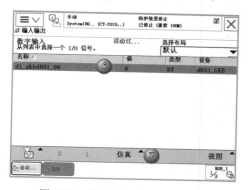

图 5.38　选中"di_gkbd651_00"

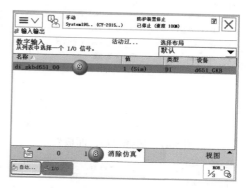

图 5.39　单击"1"按钮

⑩ 单击"消除仿真"按钮，如图 5.40 所示。

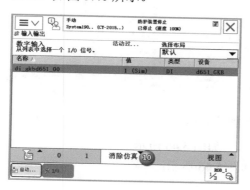

图 5.40　消除仿真

2. 配置数字输出（DO）信号

定义 DO 信号参数，见表 5.9。

表 5.9　DO 信号参数

参 数 名 称	设 定 值	说　　明
Name	do_gkbd651_32	设定输出信号的名称
Type of Signal	Digital Output	设定信号的类型
Assigned to Device	D651_GKB	设定信号所在的 I/O 单元
Device Mapping	（32～39）	设定信号在 I/O 板中的地址

配置 DO 信号的步骤如下：

① 单击下拉菜单；

② 选择"控制面板"，如图 5.41 所示；

③ 选择"配置系统参数"，如图 5.42 所示；

④ 单击"Signal"选项，如图 5.43 所示；

⑤ 单击"添加"按钮，如图 5.44 所示；

图 5.41 选择"控制面板"

图 5.42 选择"配置系统参数"

图 5.43 单击"Signal"选项

图 5.44 单击"添加"按钮

⑥ 双击"Name"选项，如图 5.45 所示；

⑦ 修改信号名称，如图 5.46 所示；

⑧ 单击"确定"按钮；

图 5.45 双击"Name"选项

图 5.46 修改信号名称

⑨ 双击"Type of Signal"选项，如图 5.47 所示；

⑩ 选择信号类型，如图 5.48 所示；

⑪ 双击"Assigned to Device"选项，如图 5.49 所示；

⑫ 选择设备名称，如图 5.50 所示；

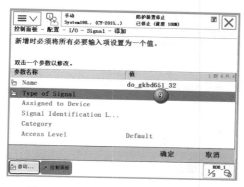

图 5.47　双击"Type of Signal"选项

图 5.48　选择信号类型

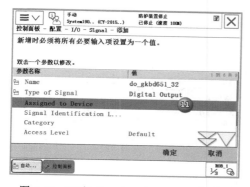

图 5.49　双击"Assigned to Device"选项

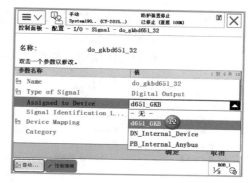

图 5.50　选择设备名称

⑬ 双击"Device Mapping"选项，如图 5.51 所示；

⑭ 分配信号地址；

⑮ 单击"确定"按钮，如图 5.52 所示；

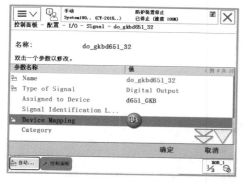

图 5.51　双击"Device Mapping"选项

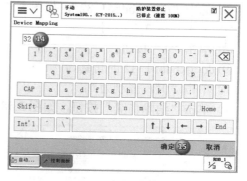

图 5.52　分配信号地址

⑯ 单击"确定"按钮，如图 5.53 所示；

⑰ 单击"是"按钮，重启控制系统，如图 5.54 所示。

查看建立的输入信号，并对 do_gkbd651_32 进行仿真，其步骤如下：

① 单击下拉菜单；

② 选择"输入输出"，如图 5.55 所示；

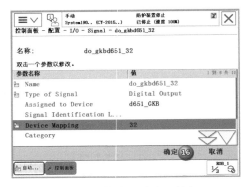

图 5.53　单击 "确定" 按钮

图 5.54　重启控制系统

③ 单击 "视图" 选项，如图 5.56 所示；

④ 单击 "数字输出" 选项；

⑤ 显示出已有的输出信号，见图 5.56；

图 5.55　选择 "输入输出"

图 5.56　显示出已有的输出信号

⑥ 选中 "do_gkbd651_32"，如图 5.57 所示；

⑦ 单击 "仿真" 按钮；

⑧ 单击 "1" 按钮；

⑨ do_gkbd651_32 的仿真为 "1"；

⑩ 单击 "0"，强制为 0；

⑪ 单击 "消除仿真" 按钮，如图 5.58 所示。

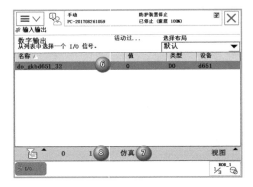

图 5.57　选中 "do_gkbd651_32"

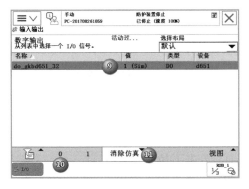

图 5.58　消除仿真

注：在外接输入信号时，必须保证该信号电压、电流的有效性，需要注意以下几点：

- 额定电压：24 V；
- 额定输入电压下的输入电流：6mA；
- 输入电压的范围："1"（15～35 V），"0"（-35～5 V）。
- 配置 DO 信号的步骤是在选择信号类型时选择 "Digital Output"，其他步骤与配置 DI 信号一样。

3. 配置组输出（GO）信号

GO 信号的原理是将数个数字输出信号组合起来使用，实际上就是扩展了 DO 信号数量的不足。下面以表 5.10 中 4 个 DO 信号的组合为例进行介绍。

表 5.10　4 个 DO 信号组合

状态	地址 32	地址 33	地址 34	地址 35	十进制数
	1	2	4	8	
1	0	0	0	0	0
2	1	0	0	0	1+0=1
3	0	1	0	0	0+2=2
4	0	0	1	0	0+4=4
5	0	0	0	1	0+8=8
6	1	1	0	0	1+2=3
7	0	1	1	0	2+4=6

由表 5.10 可得，4 个 DO 信号组成的 GO 信号可以代表十进制数 0～15；如果占用 5 位地址，则可以代表十进制数 0～31。定义组输出（GO）信号参数，见表 5.11。

表 5.11　GO 信号参数

参 数 名 称	设 定 值	说 明
Name	go_gkbd651_15	设定输出信号的名称
Type of Signal	Digital Output	设定信号的类型
Assigned to Device	D651_GKB	设定信号所在的 I/O 单元
Device Mapping	32～35	设定组信号覆盖的地址范围

配置 GO 信号的步骤如下：

① 单击下拉菜单；

② 选择 "控制面板"，如图 5.59 所示；

③ 选择 "配置系统参数"，如图 5.60 所示；

④ 单击 "Signal" 选项，如图 5.61 所示；

⑤ 单击 "添加" 按钮，如图 5.62 所示；

⑥ 双击 "Name" 选项，如图 5.63 所示；

⑦ 修改信号名称，如图 5.64 所示；

⑧ 单击 "确定" 按钮；

图 5.59 选择"控制面板"

图 5.60 选择"配置系统参数"

图 5.61 单击"Signal"选项

图 5.62 单击"添加"按钮

图 5.63 双击"Name"选项

图 5.64 修改信号名称

⑨ 双击"Type of Signal"选项，如图 5.65 所示；

⑩ 选择信号类型，如图 5.66 所示；

⑪ 双击"Assigned to Device"选项，如图 5.67 所示；

⑫ 选择设备名称，如图 5.68 所示；

⑬ 双击"Device Mapping"选项，如图 5.69 所示；

⑭ 分配信号地址；

⑮ 单击"确定"按钮，如图 5.70 所示；

⑯ 单击"确定"按钮，如图 5.71 所示；

⑰ 单击"是"按钮，重启控制系统，如图 5.72 所示。

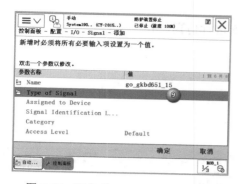

图 5.65　双击"Type of Signal"选项

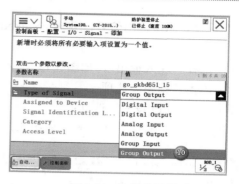

图 5.66　选择信号类型

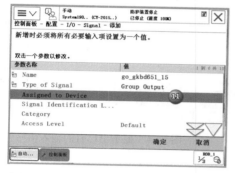

图 5.67　双击"Assigned to Device"选项

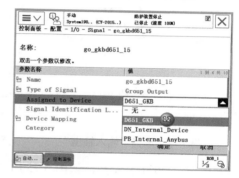

图 5.68　修改设备名称

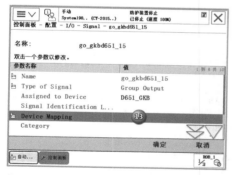

图 5.69　双击"Device Mapping"选项

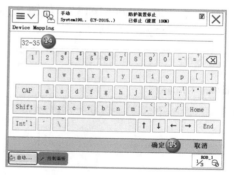

图 5.70　分配信号地址并单击"确定"按钮

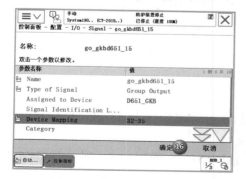

图 5.71　单击"确定"按钮

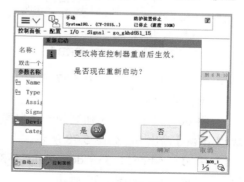

图 5.72　重启控制系统

查看建立的组输出信号，并对 go_gkbd651_15 进行仿真，其步骤如下：

① 单击下拉菜单；

② 选择"输入输出"，如图 5.73 所示；

③ 单击"视图"选项；

④ 单击"I/O 设备"选项；

⑤ 显示出已有的输入信号，如图 5.74 所示；

图 5.73　选择"输入输出"

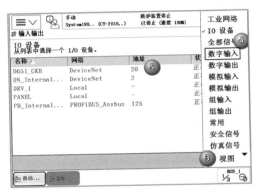

图 5.74　显示出已有的输入信号

⑥ 选中"D651_GKB"，如图 5.75 所示；

⑦ 单击"信号"按钮；

⑧ 选择"go_gkbd651_15"，如图 5.76 所示；

⑨ 单击"123…"按钮；

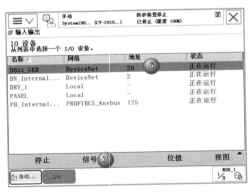

图 5.75　选中"D651_GKB"

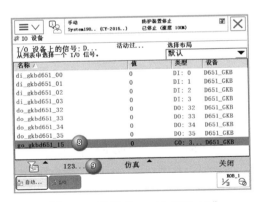

图 5.76　选择"go_gkbd651_15"

⑩ 输入需要的值，如图 5.77 所示；

⑪ 单击"确定"按钮；

⑫ 将 do_gkbd651_15 强制为十进制数 10，则 do_gkbd651_33 与 do_gkbd651_35 输出 1，其余输出信号输出 0，如图 5.78 所示；

⑬ 将 do_gkbd651_33、do_gkbd651_34、do_gkbd651_35 强制为 1，则 go_gkbd651_15 输出十进制数 14，如图 5.79 所示。

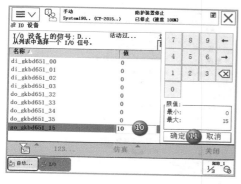

图 5.77　输入需要的值

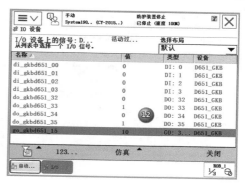

图 5.78　将 do_gkbd651_15 设置为 10

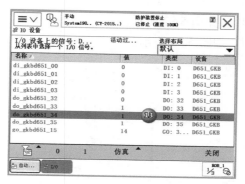

图 5.79　将 do_gkbd651_33、do_gkbd651_34、do_gkbd651_35 设置为 1

4．配置模拟量输出（AO）信号

定义 AO 信号的相关参数见表 5.12。

表 5.12　AO 信号参数

参 数 名 称	设 定 值	说 明
Name	ao_gkbd651_01	设定模拟量输出信号的名称
Type of Signal	Analog Output	设定信号的类型
Assigned to Device	D651_GKB	设定信号所在的 I/O 单元
Device Mapping	0～15	设定信号占用的地址
Analog Encoding Type	Unsigned	设定模拟信号的编码类型
Maximum Logical Value	10	设定最大逻辑值
Maximum Physical Value	10	设定最大物理值
Maximun Bit Value	65535	设定最大位值

配置 AO 信号的步骤如下：

① 单击下拉菜单；

② 选择"控制面板"，如图 5.80 所示；

③ 选择"配置系统参数"，如图 5.81 所示；

图 5.80　选择"控制面板"

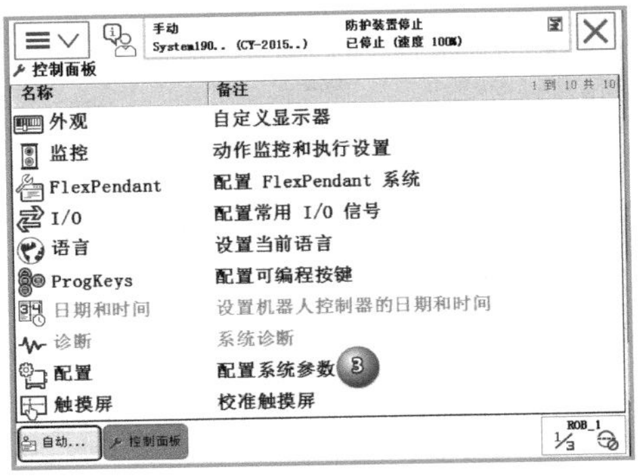

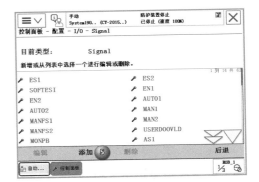

图 5.81　选择"配置系统参数"

④ 单击"Signal"选项，如图 5.82 所示；

⑤ 单击"添加"按钮，如图 5.83 所示；

图 5.82　单击"Signal"选项

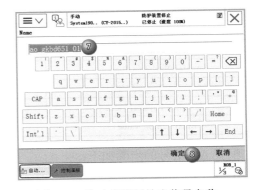

图 5.83　单击"添加"按钮

⑥ 双击"Name"选项，如图 5.84 所示；

⑦ 修改模拟量输出信号名称，如图 5.85 所示；

⑧ 单击"确定"按钮；

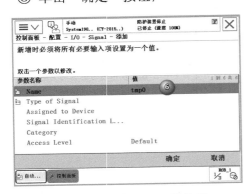

图 5.84　双击"Name"选项

图 5.85　修改模拟量输出信号名称

⑨ 双击"Type of Signal"选项，如图 5.86 所示；

⑩ 选择信号类型为"Analog Output"，如图 5.87 所示；

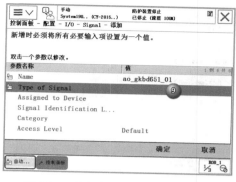

图 5.86　双击"Type of Signal"选项

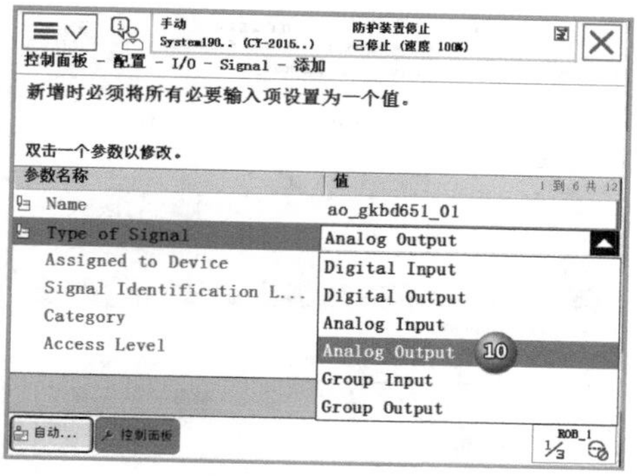

图 5.87　选择信号类型

⑪　双击"Assigned to Device"选项，如图 5.88 所示；

⑫　选择设备名称，如图 5.89 所示；

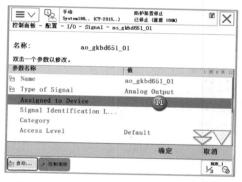

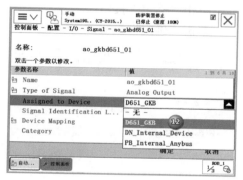

图 5.88　双击"Assigned to Device"选项

图 5.89　选择设备名称

⑬　双击"Device Mapping"选项，如图 5.90 所示；

⑭　分配信号地址，如图 5.91 所示；

⑮　单击"确定"按钮；

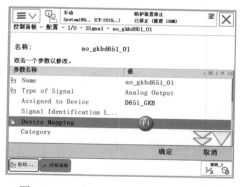

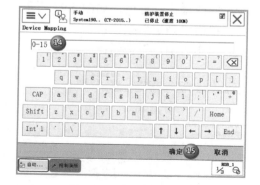

图 5.90　双击"Device Mapping"选项

图 5.91　分配信号地址

⑯　选择"Two Complement"，如图 5.92 所示；

⑰　选择"Unsigned"，如图 5.93 所示；

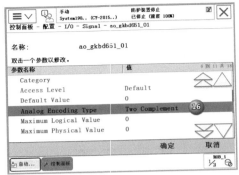
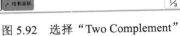

图 5.92　选择"Two Complement"

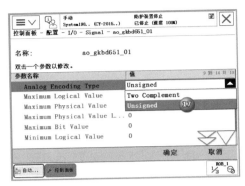

图 5.93　选择"Unsigned"

⑱ 选择"Maximum Logical Value"，如图 5.94 所示；

⑲ 修改最大逻辑值，如图 5.95 所示；

⑳ 单击"确定"按钮；

㉑ 单击"确定"按钮；

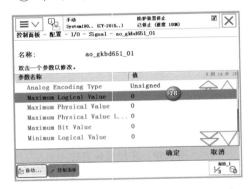

图 5.94　选择"Maximum Logical Value"

图 5.95　修改最大逻辑值

㉒ 选择"Maximum Physical Value"，如图 5.96 所示；

㉓ 修改最大物理值，如图 5.97 所示；

㉔ 单击"确定"按钮；

㉕ 单击"确定"按钮；

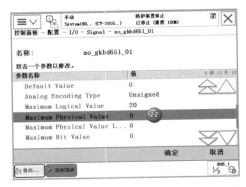

图 5.96　选择"Maximum Physical Value"

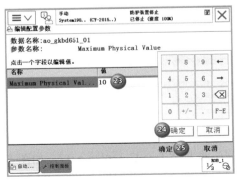

图 5.97　修改最大物理值

㉖ 选择"Maximum Bit Value",如图 5.98 所示;

㉗ 修改最大位值,如图 5.99 所示;

㉘ 单击"确定"按钮;

㉙ 单击"确定"按钮;

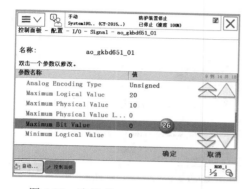

图 5.98　选择"Maximum Bit Value"

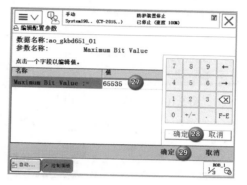

图 5.99　修改最大位值

㉚ 单击"确定"按钮,如图 5.100 所示;

㉛ 单击"是"按钮,重启控制系统,如图 5.101 所示。

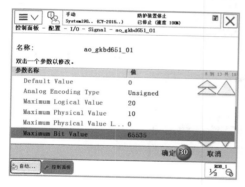

图 5.100　单击"确定"按钮

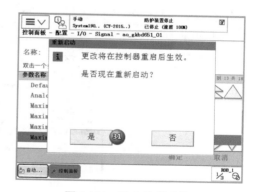

图 5.101　重启控制系统

查看新建立的模拟量输出信号,并对 ao_gkbd651_01 进行仿真,其步骤如下:

① 单击下拉菜单;

② 选择"输入输出",如图 5.102 所示;

③ 单击"视图"选项;

④ 单击"模拟输出"选项;

⑤ 显示出已有的模拟量输出信号,如图 5.103 所示;

⑥ 选中"ao_gkb651_01";

⑦ 单击"123…"按钮,如图 5.104 所示;

⑧ 修改 ao_gkbd651_01 的值;

⑨ 单击"确定"按钮,如图 5.105 所示;

⑩ 将 ao_gkbd651_01 的值设置为 15,如图 5.106 所示。

图 5.102　选择"输入输出"

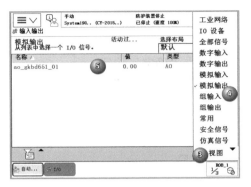

图 5.103　显示出已有的模拟量输出信号

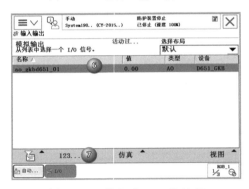

图 5.104　单击"123…"按钮

图 5.105　修改 ao_gkbd651_01 的值

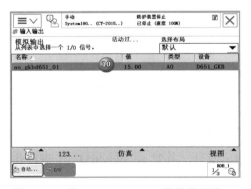

图 5.106　将 ao_gkbd651_01 的值设置为 15

5.4　Profibus 适配器的连接

5.4.1　Profibus 简介

Profibus 是过程现场总线（Process Field Bus ）的缩写，于 1989 年正式成为现场总线的国际标准，在多种自动化领域中占据主导地位，全世界的设备节点数已经超过 2000 万。Profibus 由 3 个兼容部分组成，分别为 Profibus-DP（Profibus-Decentralized Periphery）、

Profibus-PA （Profibus-Process Automation）和 Profibus-FMS （Profibus-Fieldbus Message Specification）。其中，Profibus-DP 应用于现场级网络，是一种高速低成本通信，用于设备级控制系统与分散式 I/O 之间的通信，总线周期一般小于 10 ms，使用协议第一、二层和用户接口，确保数据传输的快速和有效进行；Profibus-PA 适用于过程自动化，可使传感器和执行器连接在一根共用的总线上，可应用于本征安全领域；Profibus-FMS 应用于车间级监控网络，是令牌结构的实时多主网络，用来完成控制器和智能现场设备之间的通信以及控制器之间的信息交换；Profibus-FMS 主要使用主—从方式，通常周期性地与传动装置进行数据交换。Profibus 和 ABB 工业机器人端硬件配置如图 5.107 所示。

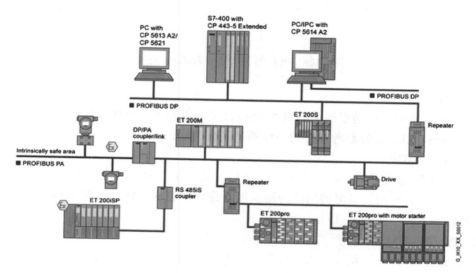

图 5.107　Profibus 和 ABB 工业机器人端硬件配置

1. 基本特性

Profibus 可使分散式数字化控制器从现场底层到车间级网络化。与其他现场总线相比，Profibus 的优点是有稳定的国际标准 EN50170 作为保证，并经实际应用验证具有普遍性，在加工制造、过程和数字自动化等领域有着广泛的应用，可同时实现集中控制、分散控制和混合控制 3 种方式。Profibus 分为主站和从站。主站决定总线的数据通信，当主站得到总线控制权（令牌）时，没有外界请求也可以主动发送信息。在 Profibus 中，主站也称为主动站。从站为外围设备，典型的从站包括输入/输出装置、阀门、驱动器和测量发射器等。它们没有总线控制权，仅对接收到的信息给予确认或当主站发出请求时向它发送信息。从站也称为被动站。由于从站只需使用总线协议的一小部分，所以实施起来特别经济。PLC 的主从站与 Profibus 连接如图 5.108 所示。

2. 性能

Profibus 已应用的领域包括加工制造、过程控制和自动化等。Profibus 的开放性和不依赖于厂商通信的设想，已在 10 多万的成功应用中得以实现。市场调查确认，在德国和欧洲市场，Profibus 在开放性工业现场总线系统市场所占份额超过 40%。Profibus 有国际著名自动化技术装备的生产厂商支持。它们都具有各自的技术优势并能提供广泛的优质产品和技术服务。

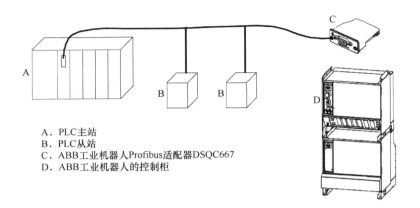

A．PLC主站
B．PLC从站
C．ABB工业机器人Profibus适配器DSQC667
D．ABB工业机器人的控制柜

图 5.108　PLC 的主从站与 Profibus 连接

3．结构

Profibus 协议的结构是根据 ISO7498 国际标准，以开放式系统互联网络（Open System Interconnection-OSI）作为参考模型的。该模型共有 7 层。

（1）Profibus-DP。

Profibus-DP 定义了第一、二层和用户接口。第三层～第七层未加描述。用户接口规定了用户及系统以及不同设备可调用的应用功能，并详细说明了各种不同 Profibus-DP 设备的设备行为。

（2）Profibus-FMS。

Profibus-FMS 定义了第一、二、七层。应用层包括现场总线信息规范（Fieldbus Message Specification，FMS）和低层接口（Lower Layer Interface，LLI）。FMS 包括应用协议并向用户提供可广泛选用的强有力的通信服务。LLI 协调不同的通信关系并提供不依赖设备的第二层访问接口。

（3）Profibus-PA。

Profibus-PA 的数据传输采用扩展的 Profibus-DP 协议。另外，Profibus-PA 还描述了现场设备行为的 Profibus-PA 行规。根据 IEC1158—2 标准，Profibus-PA 的传输技术可确保其本征安全性，而且可通过总线给现场设备供电。使用连接器可在 Profibus-DP 上扩展 Profibus-PA 网络。

注：第一层为物理层；第二层为数据链路层；第三层为网络层；第四层为传输层；第五层为会话层；第六层为表达层；第七层为应用层。需要注意的是，第三层～第六层在 Profibus 中没有具体应用，这些层要求的所有重要功能都被集成在低层接口（LLI）中。

4．特点

Profibus 作为业界应用最广泛的现场总线技术，除具有一般总线的优点外，还拥有自身的特点，具体表现如下：

- 最大传输信息长度为 255 B，最大数据长度为 244 B，典型长度为 120 B。
- 网络拓扑为线型、树型或总线型，两端带有有源的总线终端电阻。

- 传输速度取决于网络拓扑和总线长度，速度范围为 9.6 Kb/s～12 Mb/s。
- 站点数取决于信号特性，例如屏蔽双绞线，每段为 32 个站点（无转发器），则最多有 127 个站点和转发器。
- 传输介质为屏蔽/非屏蔽双绞线或光纤。
- 当使用双绞线时，传输距离最长可达 9.6 km；当使用光纤时，最大传输距离为 90 km。
- 传输技术为 Profibus-DP 和 Profibus-FMS 的 RS-485 传输、Profibus-PA 的 IEC1158—2 传输以及光纤传输。
- 采用单一的总线方位协议，包括主站之间的令牌传递与从站之间的主从方式。
- 数据传输服务包括循环和非循环两类。

5. 应用

典型的工厂自动化系统应该是三级网络结构，基于 Profibus-DP/ Profibus-PA 的控制系统位于工厂自动化系统中的低层，即现场级和车间级。在工厂自动化系统中，Profibus 是面向现场级和车间级的数字化通信网络。

（1）现场设备层。

Profibus 在现场设备层的主要功能是连接现场设备，如分散式 I/O、传感器、驱动器、执行机构和开关等设备，完成现场设备控制及设备间的连锁控制。Profibus 主站负责总线通信管理及所有从站的通信。Profibus 上所有设备的生产工艺控制程序均储存在主站中，并由主站执行。

（2）车间监控层。

车间监控层用来完成车间中生产设备之间的连接，如连接一个车间的 3 条生产线主控制器，以完成车间级设备监控。车间监控层包括生产设备状态在线监控和设备故障报警及维护等，通常还具有诸如生产统计、生产调度等车间级生产管理功能。车间监控层通常需要在操作员工作站及打印设备上设立车间监控室。车间监控层网络可采用 Profibus-FMS。它是一个多主网络。在这一级，数据传输速度不是最重要的，关键是要能够传送大容量信息。

（3）工厂管理层。

车间操作员工作站可通过集线器与车间办公管理网连接，将车间生产数据传送到车间管理层。车间管理网作为主网的一个子网，通过交换机、网桥或路由器等连接到厂区骨干网上，将车间数据集成到工厂管理层。

车间管理层通常使用的是以太网，即 IEEE 802.3 和 IETF TCP/IP 的通信协议标准。工厂骨干网可根据工厂实际情况，采用 FDDI 或 ATM 等网络。

定义 Profibus 的相关参数见表 5.13。

表 5.13　Profibus 相关参数

参 数 名 称	设 定 值	说　明
Name	Profibus_**	设定 I/O 板在系统中的名称
Profibus Address	0～125	设定 I/O 板在总线中的地址

ABB RobotWare 系统必须配置软件包 969-1 和 840-2，如图 5.109 所示。

图 5.109　配置软件包 969-1 和 840-2

5.4.2　在 ABB 工业机器人示教器中设置现场过程总线（Profibus）

在 ABB 工业机器人示教器中设置现场过程总线（Profibus）的操作步骤如下：

① 单击下拉菜单；

② 选择"控制面板"，如图 5.110 所示；

③ 选择"配置系统参数"，如图 5.111 所示；

图 5.110　选择"控制面板"

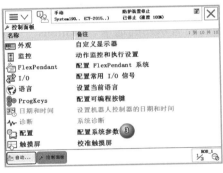

图 5.111　选择"配置系统参数"

④ 单击"PROFIBUS Device"选项，如图 5.112 所示；

⑤ 单击"添加"按钮，如图 5.113 所示；

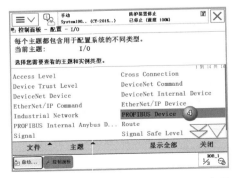

图 5.112　单击"PROFIBUS Device"选项

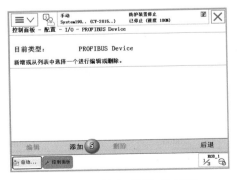

图 5.113　单击"添加"按钮

⑥ 双击"Name"选项，如图 5.114 所示；

⑦ 修改模块名称，如图 5.115 所示；

⑧ 单击"确定"按钮；

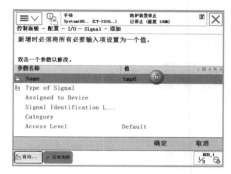

图 5.114 双击"Name"选项

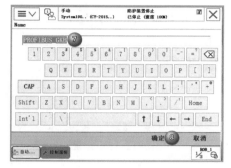

图 5.115 修改模块名称

⑨ 双击"PROFIBUS Address"选项，如图 5.116 所示；

⑩ 修改地址，如图 5.117 所示；

⑪ 单击"确定"按钮；

⑫ 单击"确定"按钮；

图 5.116 双击"PROFIBUS Address"选项

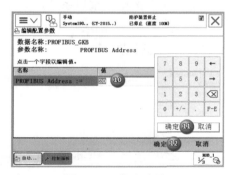

图 5.117 修改地址

⑬ 双击"Input Size（bytes）"选项，如图 5.118 所示；

⑭ 修改输入字段宽度，如图 5.119 所示；

图 5.118 双击"Input Size（bytes）"选项

图 5.119 修改输入字段宽度

⑮ 单击"确定"按钮；

⑯ 单击"确定"按钮；

⑰ 双击"Output Size（bytes）"选项，如图 5.120 所示；

⑱ 修改输出字段宽度，如图 5.121 所示；

图 5.120　双击"Output Size（bytes）"选项　　　　图 5.121　修改输出字段宽度

⑲ 单击"确定"按钮；

⑳ 单击"确定"按钮；

㉑ 单击"确定"按钮，如图 5.122 所示；

㉒ 单击"是"按钮，重启系统，如图 5.123 所示。

图 5.122　单击"确定"按钮　　　　图 5.123　重启系统

待示教器重新启动后，在"输入/输出"界面通过查看 I/O 设备可以找到刚才设置的名称为 PRFIBUS_GKB 的通信板。

在 Profibus 上设置信号的方法与在 ABB 标准 I/O 板上的设置步骤基本一致，但是在"Assigned to Device"选项中要选择"PROFIBUS_GKB"，如图 5.124 所示。

图 5.124　选择"PROFIBUS_GKB"

5.5　系统输入/输出与 I/O 信号的关联

如果将外围数字信号与系统的控制信号关联起来，就可以对系统进行控制（例如系统重启、关机、程序运行等）。

系统的状态信号可以与数字输出信号关联起来，也可以将系统的状态输出给外围设备。

1. 系统输入动作

由于版本不同，系统的输入/输出项有差异，下面将讲述建立系统输入/输出与外围 I/O 信号关联的具体操作。

2. 关联系统输入信号与外围输入信号（"System Restart" & "di00"）

关联系统输入信号与外围输入信号的操作步骤如下：

① 单击下拉菜单；

② 选择"控制面板"，如图 5.125 所示；

③ 选择"配置系统参数"，如图 5.126 所示；

图 5.125　选择"控制面板"

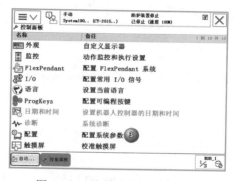

图 5.126　选择"配置系统参数"

④ 单击"Signal Input"选项，如图 5.127 所示；

⑤ 单击"添加"按钮，如图 5.128 所示；

图 5.127　单击"Signal"选项

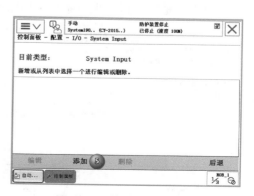

图 5.128　单击"添加"按钮

⑥ 双击"Signal Name"选项，如图 5.129 所示；

⑦ 选择"di_gkbd651_00"，如图 5.130 所示；

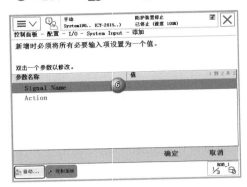

图 5-129　双击"Signal Name"选项

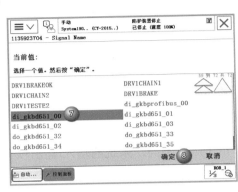

图 5.130　选择"di_gkbd651_00"

⑧ 单击"确定"按钮；

⑨ 双击"Action"选项，如图 5.131 所示；

⑩ 选择"System Restart"，如图 5.132 所示；

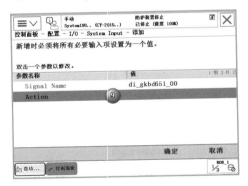

图 5.131　双击"Action"选项

图 5.132　选择"System Restart"

⑪ 单击"确定"按钮；

⑫ 单击"确定"按钮，如图 5.133 所示；

⑬ 单击"是"按钮，重启系统，如图 5.134 所示。

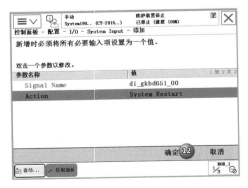

图 5.133　单击"确定"按钮

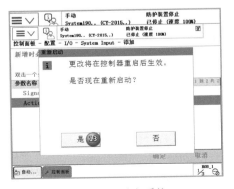

图 5.134　重启系统

将设置保存后重启示教器，系统输入的动作"System Restart"与外围输入信号"di00"已经关联生效了，验证操作如下：

进入"输入输出"页面，找到"di_gkbd651_00"，对其进行仿真，请关注当前工作站系统的状态，当将"di_gkbd651_00"仿真赋值为"1"时，示教器会显示重启，工作站的系统会重新启动。

3. 关联系统输出信号与外围输出信号

关联系统输出信号与外围输出信号的操作步骤如下：

① 单击下拉菜单；

② 选择"控制面板"，如图 5.135 所示；

③ 选择"配置系统参数"，如图 5.136 所示；

图 5.135　选择"控制面板"

图 5.136　选择"配置系统参数"

④ 单击"System Output"选项，如图 5.137 所示；

⑤ 单击"添加"按钮，如图 5.138 所示；

图 5.137　单击"System Output"选项

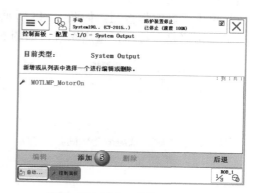

图 5.138　单击"添加"按钮

⑥ 双击"Signal Name"选项，如图 5.139 所示；

⑦ 选择"do_gkbd651_32"，如图 5.140 所示；

⑧ 单击"确定"按钮；

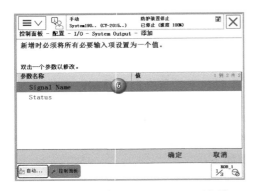

图 5.139　双击"Signal Name"选项

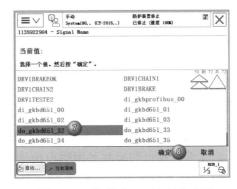

图 5.140　选择"do_gkbd651_32"

⑨ 双击"Status"选项，如图 5.141 所示；

⑩ 选择"Emergency Stop"，如图 5.142 所示；

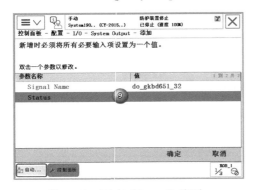

图 5.141　双击"Status"选项

图 5.142　选择"Emergency Stop"

⑪ 单击"确定"按钮；

⑫ 单击"确定"按钮，如图 5.143 所示；

⑬ 单击"是"按钮，重启系统，如图 5.144 所示。

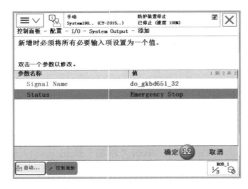

图 5.143　单击"确定"按钮

图 5.144　重启系统

保存设置后重启示教器，系统输出的状态"Emergency Stop"与外围输出信号"do32"已经关联生效了，验证操作如下：

进入"输入输出"页面，找到"do32"，在手动按下紧急停止按钮的同时，观察"do32"

是否由"0"变为"1"。在手动解除紧急停止状态后，再次观察"do32"是否由"1"变为"0"。

部分系统输入/输出简要说明见表 5.14 和表 5.15。

表 5.14　部分系统输入简要说明

序　号	系　统　输　入	说　明
1	Backup	系统备份
2	Disable Backup	禁止系统备份
3	Interrupt	中断
4	Limit Speed	限制速度
5	Load	加载程序
6	Load and Start	加载程序并启动运行
7	Motors Off	电机下电
8	Motors On	电机上电
9	Motors On and Start	电机上电并启动运行
10	PP to Main	程序指针跳至主程序
11	Reset Emergency Stop	重置紧急停止
12	Reset Execution Error Signal	重置执行错误信号
13	Start	启动运行
14	Start at Main	从主程序启动运行
15	Stop	暂停
16	Quick Stop	快速停止
17	Soft Stop	软停止
18	Stop at End of Cycle	在循环结束后停止
19	Stop at End of Instruction	在指令运行结束后停止
20	System Restart	系统重启
21	Enable Energy Saving	允许节能
22	Write Access	可写权限

表 5.15　部分系统输出简要说明

序　号	系　统　输　出	说　明
1	Absolutle Accuracy Active	激活绝对精度
2	Auto On	自动运行状态
3	Backup Error	系统备份错误报警
4	Backup in Progress	备份时输出信号
5	Cycle On	循环激活
6	Emergency Stop	紧急停止
7	Execution Error	执行错误报警
8	Limit Speed	限制速度
9	Mechanical Unit Active	激活机械单元
10	Mechanical Unit Not Moving	机械单元不运行
11	Motors Off	电机下电
12	Motors On	电机上电

续表

序　号	系 统 输 出	说　明
13	Motors Off State	电机下电状态
14	Motors On State	电机上电状态
15	Motion Supervision On	动作监控打开状态
16	Motion Supervision Triggered	碰撞监控被触发时的信号位置

5.6　示教器可编程按键的使用

前文在介绍示教器界面时提到过图 5.145 中的 4 个可编程按键，本节将详细讲解如何设置快捷键，并为这 4 个按键分配 I/O 信号，以方便对 I/O 信号进行强制与仿真操作。

图 5.145　可编程按键

可编程按键的设置步骤如下：

① 单击下拉菜单；

② 选择"控制面板"，如图 5.146 所示；

③ 选择"配置可编程按钮"，如图 5.147 所示；

图 5.146　选择"控制面板"

图 5.147　选择"配置可编程按键"

④ 单击"按键 1 输出"按钮；

⑤ 选择"输出"；

⑥ 选择输出信号为"do_gkbd651_33"，如图 5.148 所示；

⑦ 在"按下按键："中选择"切换"，也可以根据实际需要选择按键的动作属性，如图 5.149 所示；

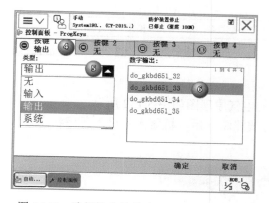

图 5.148　选择输出信号为"do_gkbd651_33"

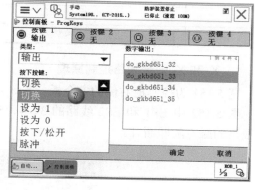

图 5.149　根据需要选择按键的动作属性

⑧ 单击"确定"按钮，如图 5.150 所示；

⑨ 可以通过编程按键 1，设置在手动状态下对 do_gkbd651_33 进行切换状态的操作，见图 5.150。

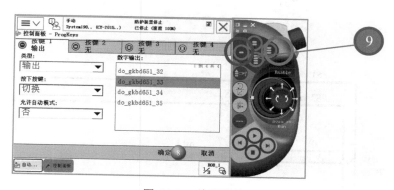

图 5.150　编程按键 1

至此，输出信号 do_gkbd651_33 和按键 1 的关联就设置完成了。其余按键的设置与上述步骤一致。

5.7　ABB 工业机器人的安全保护机制——硬件停止

ABB 工业机器人系统可以配置各种各样的安全保护装置，例如门互锁开关、安全光幕等。最常见的是 ABB 工业机器人单元的门互锁开关，打开此装置可暂停 ABB 工业机器人。

ABB 工业机器人控制柜有 4 个独立的安全保护机制，分别为常规模式安全保护停止（GS）、自动模式安全保护停止（AS）、上级安全保护停止（SS）和紧急停止（ES），具体见表 5.16。

表 5.16 ABB 工业机器人控制柜的 4 个安全保护机制

序　号	停止模式	描　述
1	GS	在所有操作模式中断开驱动电源
2	AS	在自动模式中断开驱动电源
3	SS	用于外部设备，在所有操作模式中断开驱动电源
4	ES	在所有操作模式中断开驱动电源

1．X_1 和 X_2 安全线路控制原理

图 5.151 为控制柜右侧的安全板。X_1、X_2 的电气原理图如图 5.152 所示。

图 5.152 中 ES1 和 ES2 线路的 3、4、5 号线路断开后，机器人就进入急停状态，1、2 号线路的触点随即断开。

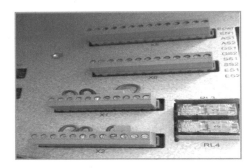

图 5.151　控制柜右侧的安全板

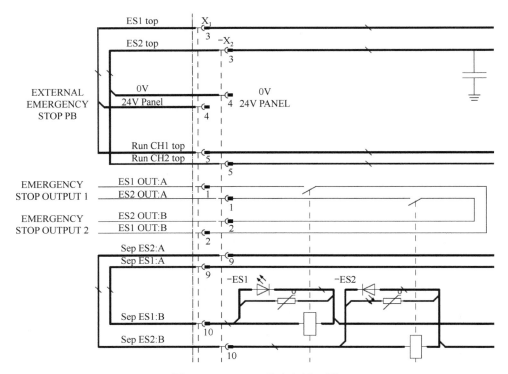

图 5.152　X_1、X_2 的电气原理图

2. X_1 和 X_2 接线说明

- 将 X_1、X_2 端子的第 3、4 号针脚的短接片剪掉。
- ES1 和 ES2 线路分别接入 NC 无源线路，可以连接第 3、4 号针脚。
- 只有在 ES1 和 ES2 线路同时使用时，急停信号才有效。

3. X_5 安全线路控制原理

X_5 电气原理图如图 5.153 所示。当 X_5 中的第 5 和第 6、第 11 和第 12 号针脚之间断开后，在自动状态下的机器人进入安全保护停止状态。

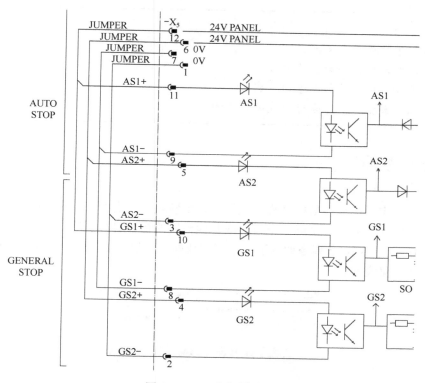

图 5.153　X_5 电气原理图

4. X_5 接线说明

- 将 X_5 中的第 5 或第 6、第 11 或第 12 号针脚的短接片剪掉。
- AS1 和 AS2 线路分别单独接入 NC 无源接点。
- 只有在 AS1 和 AS2 线路同时使用时，自动停止信号才有效。

知识点练习

（1）独立配置 I/O 板并配置输入/输出信号。

（2）将配置好的 I/O 板与自己需要理解的系统输入/输出关联起来，并进行仿真实验观察效果。

（3）独立配置可编程按钮，实现按钮控制输出信号。

第 6 章

ABB 工业机器人的程序数据

【学习目标】
● 了解程序数据的定义。
● 学会建立常用程序数据的方法。
● 理解变量、可变量与常量的区别。
● 理解工具数据、工件坐标、载荷数据的定义。

6.1 程序数据

程序数据的定义：程序数据是程序模块或系统模块中设定的值和定义的一些环境数据。

程序数据的使用方法：由同一个模块或其他模块的指令进行引用。

如图 6.1 所示，MoveJ 指令调用了 5 个程序数据，先初步了解一下这 5 个程序数据的停止模式和描述，见表 6.1。

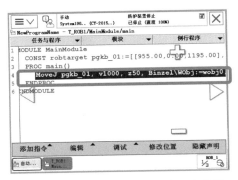

图 6.1 MoveJ 指令调用了 5 个程序数据

表 6.1 5 个程序数据的停止模式和描述

程 序 数 据	停 止 模 式	描　　述
Pgkb_01	robotarget	运动目标位置数据
V1000	speeddata	运动速度数据
Z100	zonedata	运动转弯数据
Binzel	tooldata	工具数据
Wobj0	wobjdata	工件数据

ABB 工业机器人系统究竟有多少类程序数据呢？我们可以从哪里找到这些程序数据呢？我们又是如何建立程序数据的呢？带着这些疑问我们一起学习接下来的内容。

6.2　程序数据的分类

ABB 工业机器人的程序数据类别数会随着 RobotWare 系统的升级而增加，用户根据实际工作站的需求创建不同的程序数据。本书中的程序数据以 RobotWare 6.04 版本为主，可以通过示教器及随机光盘手册查看程序数据的类别。

查看示教器程序数据类别的步骤如下：

① 单击下拉菜单；
② 单击"程序数据"选项，如图 6.2 所示；
③ 单击"视图"按钮；
④ 选择"全部数据类型"，如图 6.3 所示；

图 6.2　单击"程序数据"选项

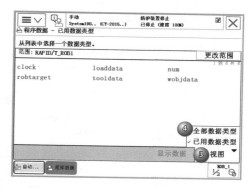

图 6.3　在视图里选择"全部数据类型"

⑤ 全部数据类型如图 6.4 所示。

我们还可以在随机手册中查看程序数据类别，在该文档中包含了每类程序数据的详细讲解，如图 6.5 所示。

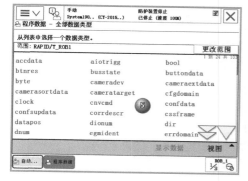

图 6.4　全部数据类型

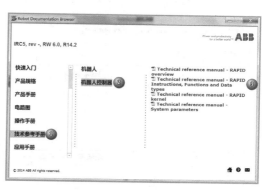

图 6.5　在随机手册中查看程序数据类别

6.3　建立程序数据

本节以 bool 和 num 类型的程序数据为例进行演示，讲解程序数据的建立过程。创建程序数据有两种途径：

① 在示教器的程序数据页面中建立；

② 建立程序指令时自动生成对应的程序数据。

6.3.1　在示教器中建立 bool 型程序数据

在示教器中建立 bool 型程序数据的步骤如下：

① 单击下拉菜单；

② 单击"程序数据"选项，如图 6.6 所示；

③ 单击"视图"按钮；

④ 选择"全部数据类型"，如图 6.7 所示；

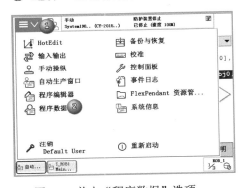

图 6.6　单击"程序数据"选项

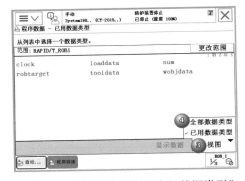

图 6.7　在视图中选择"全部数据类型"

⑤ 选择数据类型为"bool"，如图 6.8 所示；

⑥ 单击"新建…"按钮，如图 6.9 所示；

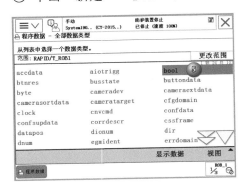

图 6.8　选择数据类型为"bool"

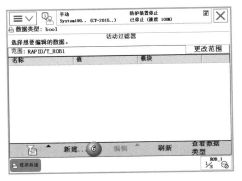

图 6.9　单击"新建…"按钮

⑦ 选择程序数据可使用的范围，如图 6.10 所示；

⑧ 单击下拉菜单选择存储类型；

⑨ 选择程序数据所属的任务；

⑩ 选择程序数据所在的模块；

⑪ 选择程序数据所在的例行程序；

⑫ 在"程序数据"→"已用数据类型"→"bool"界面找到刚才建立的 bool 型程序数据"fgkb.01"，如图 6.11 所示。

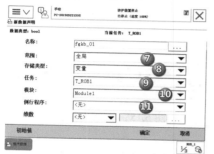

图 6.10　设置程序数据各项参数

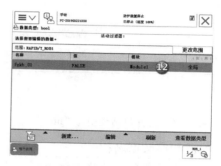

图 6.11　查看创建的 bool 型程序数据

程序数据各项参数的补充说明见表 6.2。

表 6.2　程序数据各项参数的补充说明

步骤序号	设定参数	步骤序号	设定参数
⑦	程序数据可使用的范围	⑩	程序数据所在的模块
⑧	程序数据的储存类型	⑪	程序数据所在的例行程序
⑨	程序数据所属的任务		
维数：设置程序数据的维数		初始值：程序数据的初始值	

6.3.2　在示教器中建立 num 型程序数据

在示教器建立 num 型程序数据的步骤如下：

① 单击下拉菜单；

② 单击"程序数据"选项，如图 6.12 所示；

③ 单击"视图"按钮；

④ 选择"全部数据类型"，如图 6.13 所示；

图 6.12　单击"程序数据"选项

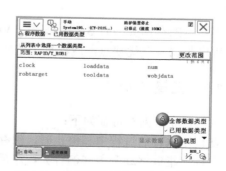

图 6.13　在视图中选择"全部数据类型"

⑤ 选择数据类型为"num",如图 6.14 所示;

⑥ 单击"新建…"按钮,如图 6.15 所示;

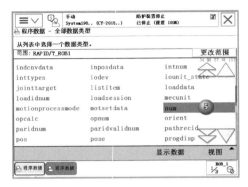

图 6.14　选择数据类型为"num"

图 6.15　单击"新建…"按钮

⑦ 修改程序数据名称;

⑧ 单击下拉菜单,选择存储类型,如图 6.16 所示;

⑨ 单击"确定"按钮完成设定;

⑩ 查看创建的 num 型程序数据,如图 6.17 所示。

图 6.16　设置程序数据名称及存储类型

图 6.17　查看创建的 num 型程序数据

6.4　程序数据存储类型的定义

　　程序数据的存储类型有 3 类:变量(VAR)、可变量(PERS)和常量(CONST)。3 种类型的程序数据各有优缺点,应根据工艺要求选择适当的存储类型。

6.4.1　变量(VAR)

变量型程序数据的特征如下:

- 在程序执行的过程中和停止时,保存当前值;
- 在程序指针移动到主(例行)程序后,数据丢失。

1．实例

例 6.1　VAR bool Cold:=FALSE ，名称为"Cold"的布尔数据。

步骤：

① 单击下拉菜单；

② 单击"程序数据"选项，如图 6.18 所示；

③ 单击"视图"按钮，选择"全部数据类型"，如图 6.19 所示；

④ 选择"程序数据"；

图 6.18　单击"程序数据"选项

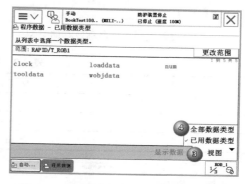

图 6.19　在视图中选择"全部数据类型"

⑤ 选择"bool"，如图 6.20 所示；

⑥ 单击"新建…"按钮，如图 6.21 所示；

图 6.20　选择"bool"

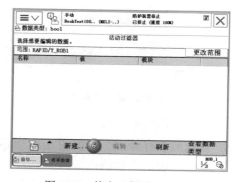

图 6.21　单击"新建…"按钮

⑦ 修改程序数据名称为"Cold"；

⑧ 修改存储类型为"变量"，如图 6.22 所示；

⑨ 单击"确定"按钮；

⑩ 创建完成，如图 6.23 所示。

注：在选择存储类型时选择"变量"，关注初始值的赋值，见表 6.3。

例 6.2　VAR sting Changsha_weather :="",名称为"Changsha_weather"的 string 型数据。

步骤：

① 选择数据类型为"string"，如图 6.24 所示；

② 单击"新建…"按钮，如图 6.25 所示；

图 6.22 设置程序数据名称及存储类型

图 6.23 创建完成

表 6.3 初始值的赋值

序　号	数 据 类 型	初　始　值
1	bool	FALSE
2	num/ dnum	0
3	string	" "

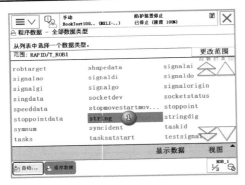

图 6.24 选择数据类型为"string"

图 6.25 单击"新建…"按钮

③ 修改程序数据名称；

④ 修改数据存储类型，如图 6.26 所示；

⑤ 单击"确定"按钮；

⑥ 程序数据创建完成，如图 6.27 所示。

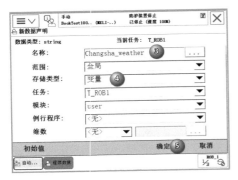

图 6.26 设置程序数据名称及存储类型

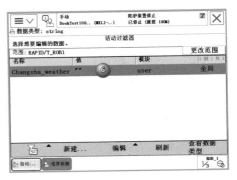

图 6.27 程序数据创建完成

在此例中，Changsha_weather 字符串的初始值为空（""）。

例 6.3　VAR num GKB1508 := 0 ，名称为"GKB1508"的数值量数据。

步骤：

① 选择数据类型为"num"，如图 6.28 所示；

② 单击"新建…"按钮，如图 6.29 所示；

图 6.28　选择数据类型为"num"

图 6.29　单击"新建…"按钮

③ 修改程序数据名称；

④ 修改程序数据存储类型，如图 6.30 所示；

⑤ 单击"确定"按钮；

⑥ 程序数据创建完成，如图 6.31 所示。

图 6.30　设置程序数据名称及存储类型

图 6.31　程序数据创建完成

在上述 3 种程序数据建立完毕后，可以在程序的声明部分查看到，如图 6.32 所示。

图 6.32　在程序声明部分可查看到已建立的程序数据

2. 创建赋值语句测试变量型程序数据

首次建立程序的读者需要操作步骤①～③，而如果在该工作站中已有程序模块，则无须操作步骤①～③。关于程序模块、例行程序等理论知识将在第 7 章进行介绍。

创建赋值语句测试变量型程序数据的步骤如下：

① 新建例行程序，如图 6.33～图 6.37 所示。

图 6.33　选择"程序编辑器"选项

图 6.34　单击"新建"按钮

图 6.35　新建例行程序（一）

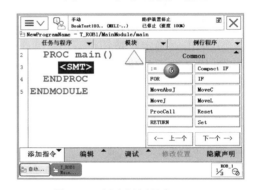

图 6.36　新建例行程序（二）

图 6.37　新建例行程序（三）

② 创建赋值语句，如图 6.38～图 6.43 所示。

注：若页面没有需要的数据类型，则单击"更改数据类型…"按钮进行选择，如图 6.39 所示。

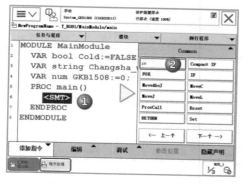

图 6.38　创建赋值语句（一）

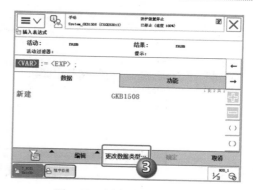

图 6.39　创建赋值语句（二）

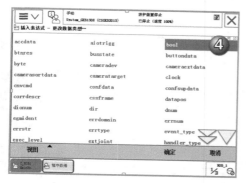

图 6.40　创建赋值语句（三）

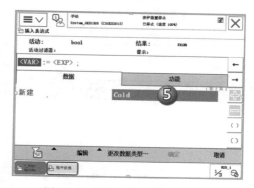

图 6.41　创建赋值语句（四）

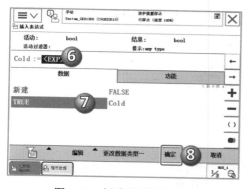

图 6.42　创建赋值语句（五）

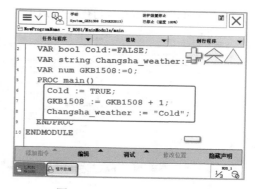

图 6.43　创建赋值语句（六）

在程序运行前，"Cold"的初始值是"FALSE"，如图 6.44 所示。

我们采用同样的步骤添加"num"和"string"两种数据的赋值指令，并进行程序调试，验证变量型程序数据的特征。

首先打开程序数据的监控页面，图 6.45 是变量名为"Cold"的 bool 型程序数据初始值。

当程序运行时，变量型程序数据保持当前值（"Cold"通过赋值语句获得"TRUE"），如图 6.46 所示。

当程序停止执行时，变量型程序数据始终保持当前值（"TRUE"），如图 6.47 所示。

在指针移动到主（例行）程序后（见图 6.48），数据丢失，"Cold"的数值变为"FALSE"，如图 6.49 所示。

图 6.44 程序运行前，"Cold"的
初始值是"FALSE"

图 6.45 变量名为"Cold"的 bool 型程序数据初始值

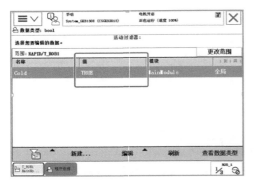

图 6.46 "Cold"通过赋值语句获得"TRUE"

图 6.47 程序数据保持当前值

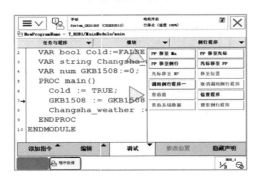

图 6.48 指针移动到主程序

图 6.49 "Cold"的数值变为"FALSE"

通过上述程序调试测试，再次验证了变量型程序数据的特征：

- 在程序执行的过程中和停止时，保存当前值；
- 在程序指针移动到主（例行）程序后，数据丢失。

6.4.2 可变量（PERS）

可变量型程序数据的特征如下：

- 无论程序指针在哪儿，程序数据都会保持最后赋予的值；
- 直到对其进行重新赋值。

1. 实例

例 6.4　PERS num GKB_trainee :=0 ，名称为"GKB_trainee"的可变量数据。

添加 num 型可变量程序数据的步骤如图 6.50～图 6.54 所示。

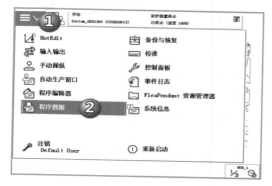

图 6.50　单击"程序数据"选项

图 6.51　选择"num"为数据类型

图 6.52　单击"新建…"按钮

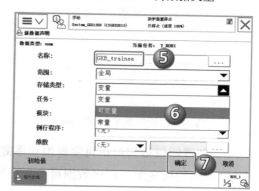

图 6.53　设置程序名称及存储类型

接下来采用同样的方法添加 string 型的可变量程序数据。

例 6.5　PERS string GKB :="" ，名称为"GKB"的可变量数据。

添加 string 型可变量程序数据的步骤如图 6.55～图 6.59 所示。

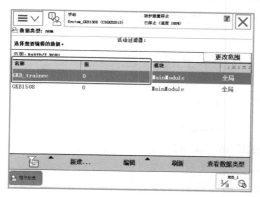

图 6.54　程序数据创建完成

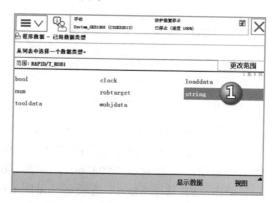

图 6.55　选择"string"为数据类型

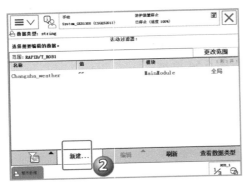

图 6.56 单击"新建…"按钮

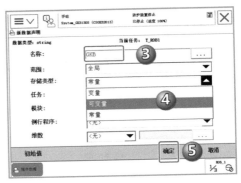

图 6.57 设置程序数据名称及存储类型

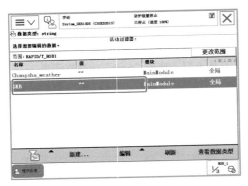

图 6.58 程序数据创建完成

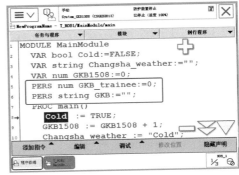

图 6.59 在程序声明部分可查看已创建的程序数据

2．创建赋值语句测试可变量型程序数据

已创建的可变量型程序数据可在程序声明部分查看，如图 6.60 和图 6.61 所示。

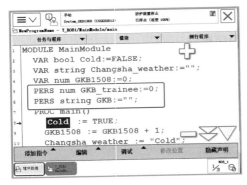

图 6.60 已创建的可变量型程序数据（一）

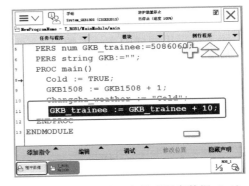

图 6.61 已创建的可变量型程序数据（二）

在程序运行前，GKB_trainee 的初始值是"0"，如图 6.62 所示。

在程序运行中，每单击一次"刷新"按钮，GKB_trainee 的当前值都会随着扫描周期的增加而递增。当前值是"503760"，如图 6.63 所示。

单击"PP 移至 Main"选项后（见图 6.64 所示），程序指针（PP）跳至主程序的第 8 行，如图 6.65 所示。

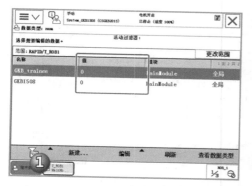

图 6.62　GKB_trainee 的初始值是"0"

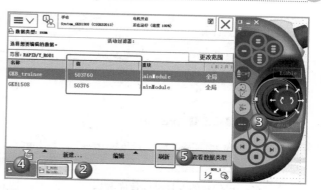

图 6.63　GKB_trainee 的当前值随扫描周期的增加而递增

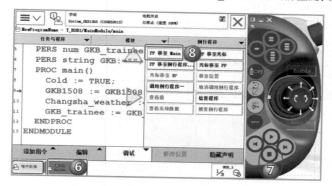

图 6.64　单击"PP 移至 Main"选项

在程序停止运行，程序指针移至例行程序或主程序后，可变量型的程序数据 GKB_trainee 会保存最后的赋值，而变量型的程序数据 GKB1508 会"清零"，如图 6.66 所示。

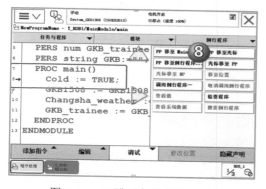

图 6.65　PP 跳至主程序第 8 行

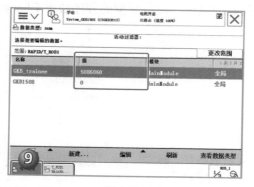

图 6.66　GKB_trainee 保存最后赋值，GKB1508 清零

接着，我们再次对比可变量型和变量型的程序数据字符串 sting 的赋值语句的测试结果，具体步骤如图 6.67～图 6.72 所示。

在程序停止运行后，选择"PP 移至 Main"，如图 6.70 所示。

单击"PP 移至 Main"选项后，程序指针（PP）跳至主程序的第 8 行，如图 6.71 所示。

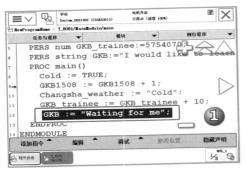

图 6.67　已创建的变量型的程序数据
字符串 sting 的赋值语句

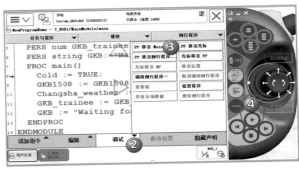

图 6.68　单击"PP 移至 Main"选项

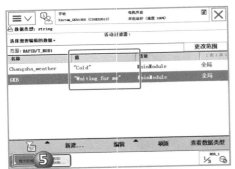

图 6.69　在程序运行过程中，Changsha_weather
和 GKB 的值

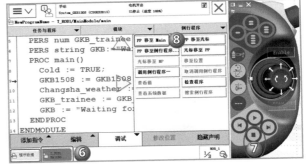

图 6.70　选择"PP 移至 Main"

在程序停止运行，程序指针移至例行程序或主程序后，可变量型的程序数据 GKB 会保存最后的赋值，而变量型的程序数据 Changsha_weather 会"清零"，如图 6.72 所示。

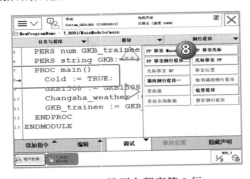

图 6.71　PP 跳至主程序第 8 行

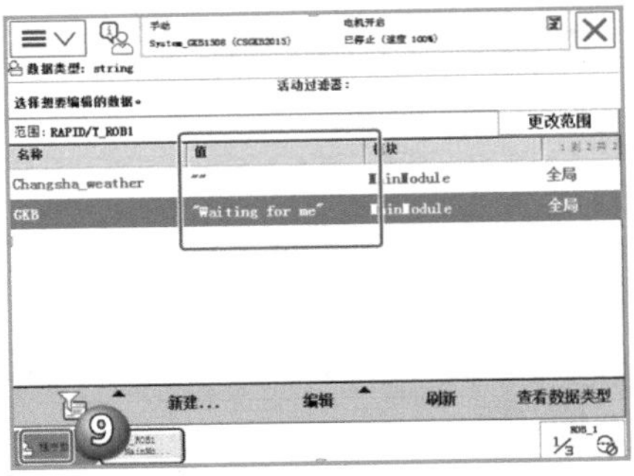

图 6.72　GKB 保存最后赋值，Changsha_weather 清零

通过上述两条赋值语句的调试测试，再次验证了可变量型程序数据的特征：

- 无论程序指针在哪儿，程序数据都会保持最后赋予的值；
- 直到对其进行重新赋值。

6.4.3　常量（CONST）

常量型程序数据的特征如下：

- 在定义时已经赋值，在程序中无法修改；
- 除非手动修改。

1. 实例

例 6.6　CONST num rgkb_Torque = 190，定义 ABB1410 本体基座的安装螺栓 M16-8.8 的拧紧力矩为 190 Nm。

步骤：

① 修改程序数据名称；

② 单击下拉菜单，选择"常量"选项，如图 6.73 所示；

③ 单击 "确定"按钮；

④ 选择"rgkb_Torque"，如图 6.74 所示；

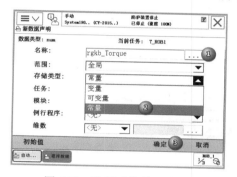

图 6.73　选择"常量"选项

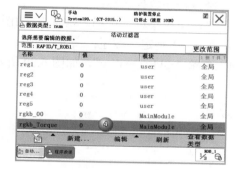

图 6.74　选择"rgkb_Torque"

⑤ 单击"编辑"按钮；

⑥ 选择"更改值"，如图 6.75 所示；

⑦ 修改 rgkb_Torque 的值，如图 6.76 所示；

⑧ 单击"确定"按钮；

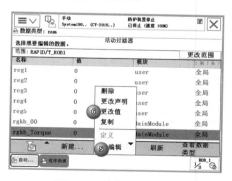

图 6.75　选择"更改值"

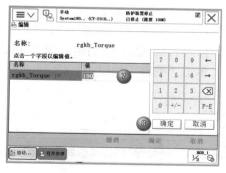

图 6.76　修改 rgkb_Torque 的值

⑨ 选中新建的数据，单击"确定"按钮完成设定，如图 6.77 所示；

⑩ 查看创建的 num 型程序数据，如图 6.78 所示。

接下来用同样的方法添加 string 型程序数据。

例 6.7　CONST string rgkb_Quality = good，定义 12 月 6 日的长沙空气质量质数：优。

图 6.77 单击"确定"按钮完成设定

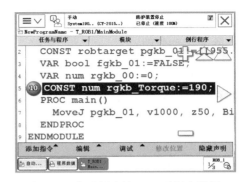

图 6.78 查看创建的 num 型程序数据

步骤：

① 修改程序数据名称；

② 单击下拉菜单，选择"常量"，如图 6.79 所示；

③ 单击 "确定"按钮；

④ 选择"rgkb_Quality"，如图 6.80 所示；

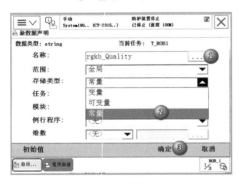

图 6.79 选择"常量"选项

图 6.80 选择"rgkb_Quality"

⑤ 单击"编辑"按钮；

⑥ 选择"更改值"，如图 6.81 所示；

⑦ 修改 rgkb_Quality 的值，如图 6.82 所示；

⑧ 单击"确定"按钮；

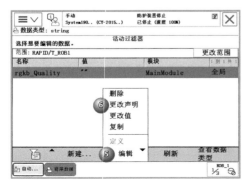

图 6.81 选择"更改值"

图 6.82 修改 rgkb_Quality 的值

⑨ 单击"确定"按钮完成设置，如图 6.83 所示；

⑩ 查看创建的 string 型程序数据，如图 6.84 所示。

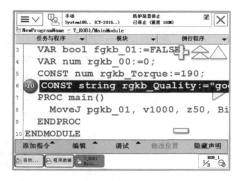

图 6.83　单击"确定"按钮完成设置　　　　　图 6.84　查看创建的 string 型程序数据

2. 创建赋值语句测试常量型程序数据

添加变量指令，将常量"rgkb_Quality"赋值给"Changsha_weather"，同时添加变量赋值指令 M16_torque，如图 6.85 所示。

在程序调试运行中，切换至程序数据界面，如图 6.86 所示。

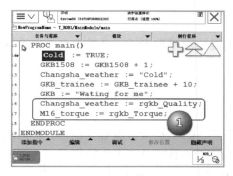

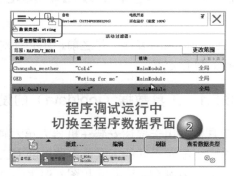

图 6.85　添加赋值指令　　　　　　　　　图 6.86　切换至程序数据界面

在程序运行中，每单击一次"刷新"按钮，天气的值在"Cold"与"good"之间切换，如图 6.87 所示。而 rgkb_Torque 保持恒定值，如图 6.88 所示。

图 6.87　天气的值在"Cold"与"good"之间切换　　　图 6.88　rgkb_Torque 保持恒定值

在程序停止运行，程序指针（PP）移至主程序后，常量型程序数据 M16_torque 会"清零"，如图 6.89 所示。

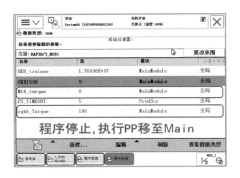

图 6.89　M16_torque 清零

至此，我们已将变量型、可变量型和常量型 3 种程序数据的存储类型通过 7 个程序的调试验证了各自的特征，请大家熟练掌握，在后续程序中会大量运用。

6.5　3 个关键程序数据的设定

在进行正式的编程工作之前，还必须对 3 个关键的程序数据（工具数据、工件数据和载荷数据）进行定义。

6.5.1　工具数据（tooldata）的设定

工具数据用于描述安装在机器人第六轴上工具的 TCP、质量、重心等数据。不同的工业机器人应用配置不同的工具，本节以随书工作站（配合本书学习的工作站打包文件）中第六轴上的工具为例（如图 6.90 和图 6.91 所示），工业机器人默认工具 tool0 的工具中心点（Tool Center Ponit，TCP）位于第六轴安装法兰的中心以下，如图 6.92 所示。

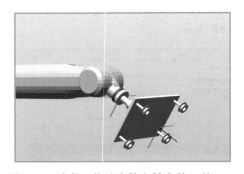

图 6.90　随书工作站中第六轴上的工具（一）

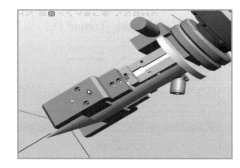

图 6.91　随书工作站中第六轴上的工具（二）

1. 解包工作站

① 找到工作站所在文件夹并双击打开（电脑中安装 Robotstudio6.05 以上版本），如

图 6.93 所示；

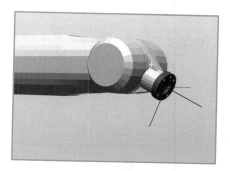

图 6.92　tool0 的 TCP 位于第六轴安装法兰的中心以下

图 6.93　双击打开工作站所在文件夹

② 单击"下一个"按钮，如图 6.94 所示；

③ 单击"下一个"按钮，如图 6.95 所示；

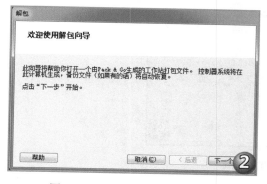

图 6.94　单击"下一个"按钮

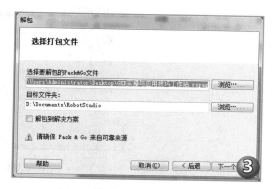

图 6.95　单击"下一个"按钮

④ 从 Pack & Go 包加载文件，如图 6.96 所示；

⑤ 单击"下一个"按钮；

⑥ 单击"下一个"按钮，如图 6.97 所示；

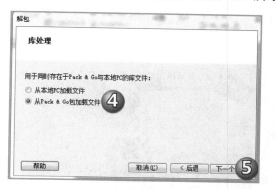

图 6.96　从 Pack & Go 包加载文件

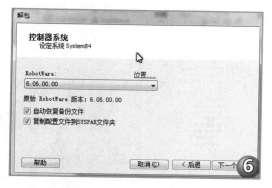

图 6.97　单击"下一个"按钮

⑦ 单击"完成"按钮，如图 6.98 所示；

⑧ 解包工作站，如图 6.99 所示；

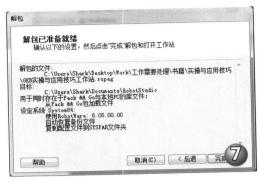

图 6.98　单击"完成"按钮

图 6.99　解包工作站

⑨ 单击"关闭"按钮，这样就完成了工作站的解包，如图 6.100 所示。

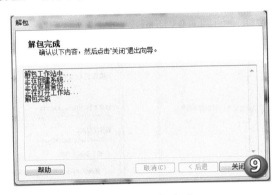

图 6.100　解包完成

下面开始定义工具数据的操作。

回到 RobotStudio 工作站基本界面，如图 6.101 所示。将基本选项卡下的默认工具调整为"J"，如图 6.102 所示。

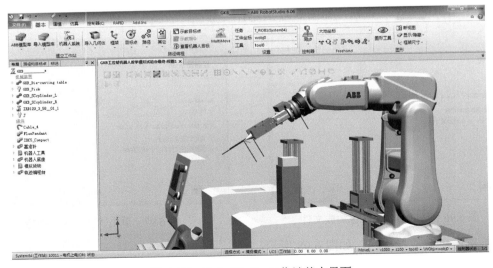

图 6.101　RobotStudio 工作站基本界面

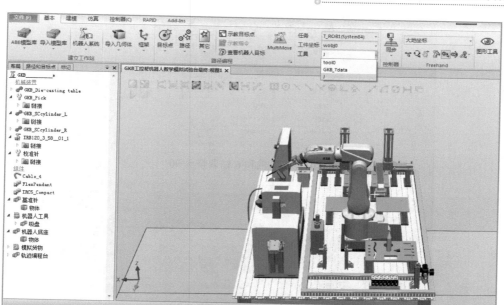

图 6.102　将基本选项卡下的默认工具调整为 "J"

右键单击机器人，选择"机械装置手动关节"，如图 6.103 所示。

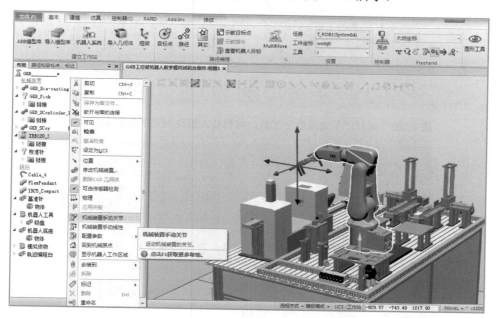

图 6.103　选择"机械装置手动关节"

为了方便接近基准针，将 1 轴与 6 轴调整至 90°，如图 6.104 所示。

选择"手动线性"工具，将机器人拖动到基准针的末端附近，如图 6.105 所示。

切换工具到"手动重定位"，改变机器人姿态，如图 6.106 所示。

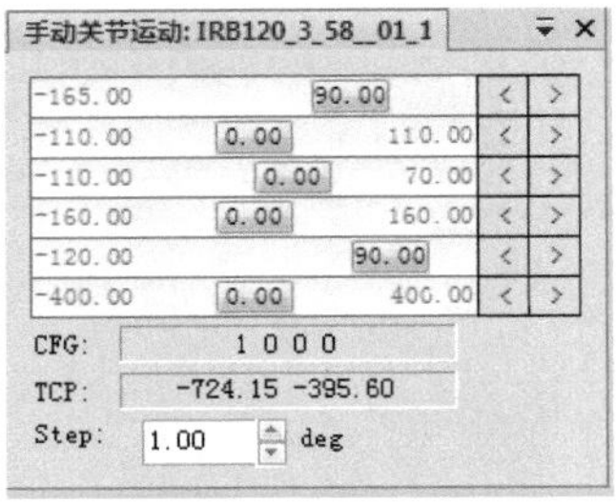

图 6.104　将 1 轴和 6 轴调整至 90°

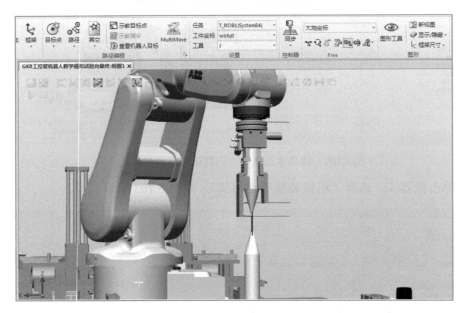

图 6.105　选择"手动线性"工具，将机器人拖动到基准针的末端附近

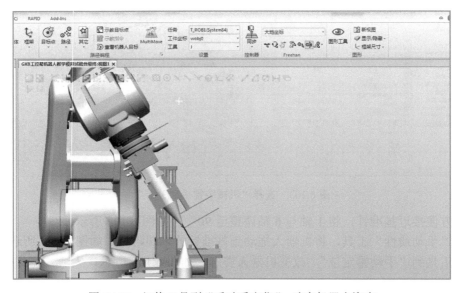

图 6.106　切换工具到"手动重定位"，改变机器人姿态

切换回"手动线性"工具，选择"捕捉末端"，将机器人校准针拖放到基准针的末端上，如图 6.107 所示。

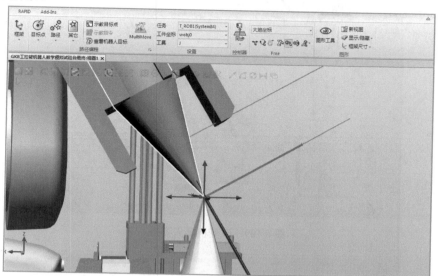

图 6.107　用"捕捉末端"将机器人校准针拖放到基准针的末端上

修改点 1 的位置，如图 6.108 所示。

　　注：进入该菜单的方法为：打开示教器→点击左上角菜单键（☆）位置→手动操纵→工具坐标→选中"tool_gkb"→编辑→定义→将方法更改为"TCP 和 Z，X"。

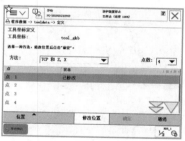

图 6.108　修改点 1 的位置

将机器人用"手动线性"工具拉起来，然后再使用"手动重定位"工具将其改变成为另一个姿态，如图 6.109 所示。

使用"手动线性"工具再次让校准针末端接触到基准针末端上，如图 6.110 所示。

修改点 2 的位置，如图 6.111 所示。

将机器人用"手动线性"工具拉起来，然后再使用"手动重定位"工具将其改变成为另一个姿态，如图 6.112 所示。

使用"手动线性"工具再次让校准针末端接触到基准针末端上，如图 6.113 所示。

修改点 3 位置，如图 6.114 所示。

将机器人用"手动线性"工具拉起来，然后再使用"手动重定位"工具将其改变成与轨迹编程台垂直的姿态，如图 6.115 所示。

使用"手动线性"工具再次让校准针末端接触到基准针末端上，如图 6.116 所示。

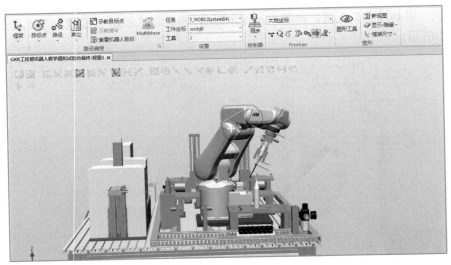

图 6.109   改变机器人姿态

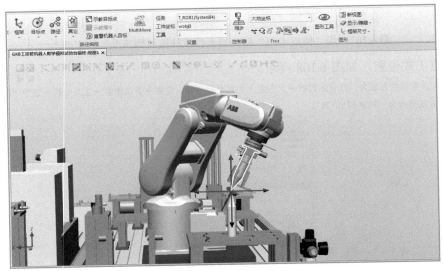

图 6.110   使用"手动线性"工具再次让校准针末端接触到基准针末端上

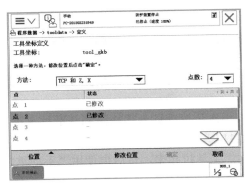

图 6.111   修改点 2 的位置

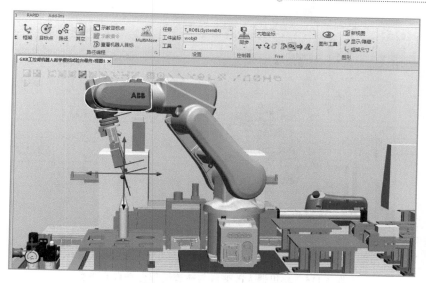

图 6.112　改变机器人姿态

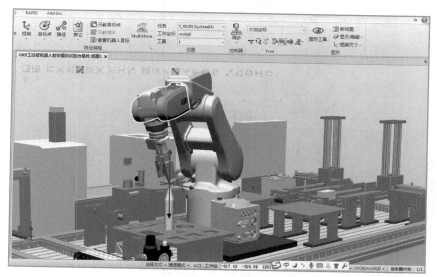

图 6.113　使用"手动线性"工具再次让校准针末端接触到基准针末端上

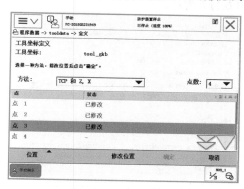

图 6.114　修改点 3 位置

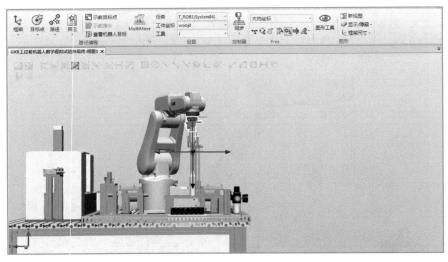

图 6.115　将机器人改变成与轨迹编程台垂直的姿态

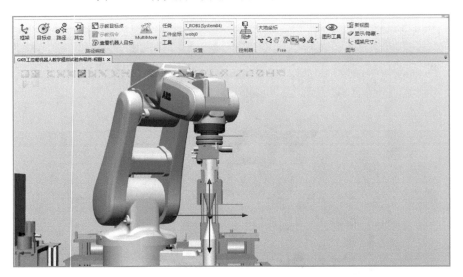

图 6.116　使用"手动线性"工具再次让校准针末端接触到基准针末端上

修改点 4 的位置，如图 6.117 所示。

图 6.117　修改点 4 的位置

使用"手动线性"工具将机器人以点 4 为原点向工具坐标系的 X 轴负方向移动一定的距离，如图 6.118 所示。

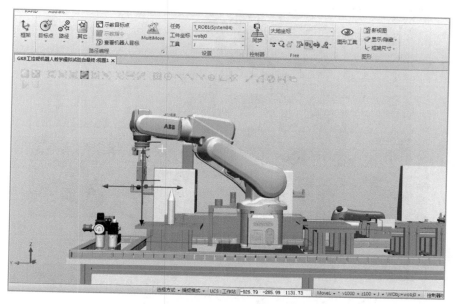

图 6.118　使用"手动线性"工具将机器人以点 4 为原点向工具坐标系的 X 轴负方向移动一定的距离

修改延伸器点 X 的位置，如图 6.119 所示。

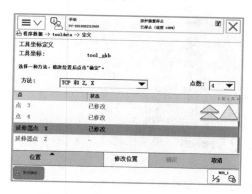

图 6.119　修改延伸器点 X 的位置

使用"手动线性"工具将机器人拉回点 4 的位置。

使用"手动线性"工具将机器人向自己想定义工具坐标系的负方向移动一定的距离（如图 6.121 所示），一般为上方。

修改延伸器点 Z 的位置，如图 6-122 所示。

单击"确定"按钮，如图 6.123 所示。

设置完成后可以看到系统计算出的误差，一般现场平均误差在 0.5μm 以内即可，如果应用于焊接则需达到 0.4μm 以内，由于仿真软件里的点都是用捕捉的方式获得的，所以图 6.124 中误差值很小，比较精准，现场误差会比现在的误差大很多。

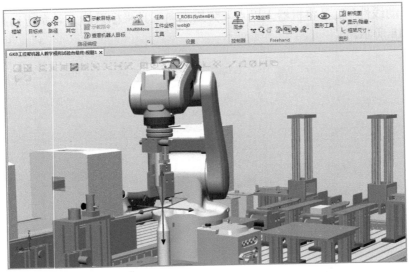

图 6.120　使用"手动线性"工具将机器人拉回点 4 的位置

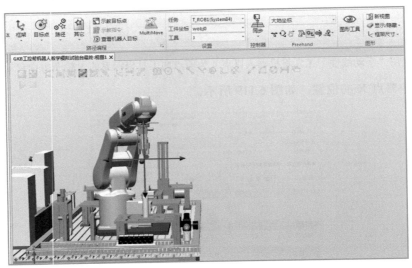

图 6.121　使用"手动线性"工具将机器人向自己想定义工具坐标系的负方向移动一定的距离

图 6.122　修改延伸器点 Z 的位置

图 6.123　单击"确定"按钮

注：在实际应用中常使用 N 点法（在点数选择时在方法选项右侧的点数选项中选择更多的点，N>4），N 点法点数越多越精确，但定义过程难度较大。在 TCP 接近标定点时，使用增量模式可避免碰撞。

确认完误差之后单击"确定"按钮，如图 6.125 所示。

图 6.124　系统计算出的误差

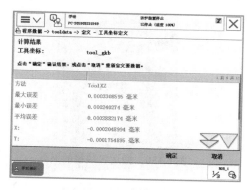

图 6.125　单击"确定"按钮

选中"tool_gkb"并单击"编辑"按钮，选择"更改值…"可以更改工具的多项参数值，如图 6.126 所示。在参数列表中找到"mass：="，修改工具的 mass 值，在此页面根据实际情况设定工具的质量、重心位置等数据，如图 6.127 所示。在虚拟示教器中，mass 的默认值是-1，在模拟仿真中可以估计一个值输入进去，如图 6.128 所示。用同样方法可以修改 x、y 和 z 的值，如图 6.129 所示。

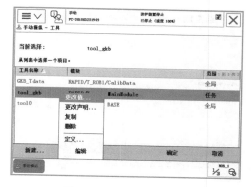

图 6.126　更改工具的值

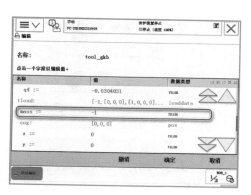

图 6.127　修改 mass 的值（一）

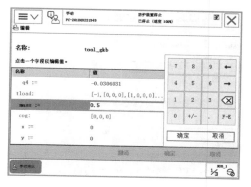

图 6.128　修改 mass 的值（二）

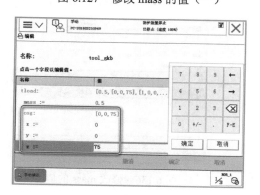

图 6.129　修改 x、y、z 的值

以图 6.130 中搬运包装箱类的夹具为例，工具质量是 15 kg，重心与默认的 tool0 点 Z 轴正方向偏移了 200 mm，TCP 点与默认 tool0 点 Z 轴正方向偏移了 400 mm，具体的操作步骤如图 6.131～图 6.138 所示。

图 6.130　搬运包装箱的夹具

图 6.131　单击"手动操纵"选项

图 6.132　选择"工具坐标"

图 6.133　单击"新建…"按钮

图 6.134　修改程序数据名称

图 6.135　修改 x、y、z 的值

图 6.136　修改 mass 的值

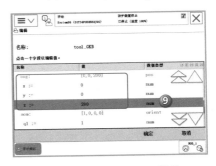

图 6.137　修改 x、y、z 的值

图 6.138　单击"确定"按钮

工具数据包含以下部分：

- robhold（robot hold）：数据类型为 bool，定义机械臂是否夹持该工具。TRUE 表示机械臂夹持该工具；FALSE 表示机械臂未夹持该工具。
- tframe（tool frame）：数据类型为 pose，定义 TCP 的 X、Y、Z 值，以 mm 为单位，用腕部坐标系 tool0 表示。TCP 坐标系的方位以 X'、Y' 和 Z' 来表示 ，如图 6.139 所示。

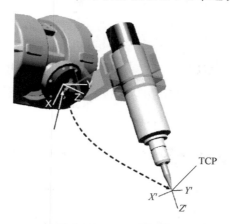

图 6.139　TCP 坐标系

- rot（姿态）：数据类型为 orient，以四元素（q_1、q_2、q_3、q_4）的形式来描述姿态。其中必须满足一个条件：$q_1^2 + q_2^2 + q_3^2 + q_4^2 = 1$。关于四元素的定义请参看 ABB 工业机器人的随机手册。
- tload（加载数据）：其中，mass 表示负载的质量，用 kg 计量；cog（center of gravity）表示工具有效负载的重心，用 mm 计量；aom（axes of moment）表示轴的转矩，用姿态数据表示；ix（inertia x）表示 X 轴负载的惯性矩，以 kg·m²为单位；其余详细的讲解请参看 ABB 工业机器人的随机手册。

6.5.2　工件数据（wobjdata）的设定

工件数据用于记录工件相对于大地坐标（或其他坐标）的位置，简称为工件坐标，同一工作站内的机器人可以拥有若干个工件坐标系。

对机器人进行编程就是在工件坐标系中创建目标和路径，采用这种方法的优点如下：

● 在重新定位工作站中的工件时，只需更改工件坐标的位置，所有路径将即可随之更新；

● 操作以外轴或传送导轨移动的工件时，整个工件可连同其路径一起移动。

工件数据的参数设定方法如图 6.140～图 6.145 所示。

定义工件坐标系需要 3 个点（X1，X2 和 Y1），如图 6.146 所示。X1 和 X2 决定了工件坐标系的 X 轴方向，Y1 决定了工件坐标系的 Y 轴方向，当 X 轴方向和 Y 轴方向确定了，Z 轴方向也就确定了。

在图 6.147～图 6.150 中，序号⑫～⑲是在 RobotStudio 中的操作步骤，在实际操作中直接手动操纵 TCP 点至示教点即可。

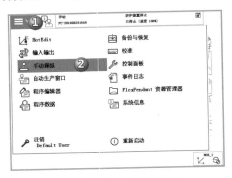

图 6.140　选择"手动操纵"

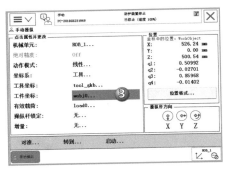

图 6.141　选择"工件坐标"

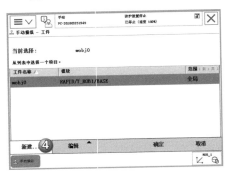

图 6.142　单击"新建…"按钮

图 6.143　修改程序数据名称

图 6.144　选择"定义…"

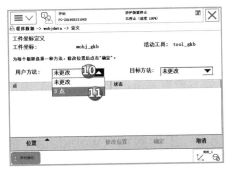

图 6.145　将用户方法设置为"3 点"

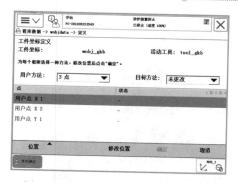

图 6.146　定义用户点 X1，X2 和 Y1

在布局中用鼠标右键单击 IRB120 机器人，在菜单中选择"机械装置手动关节"，如图 6.147 所示。

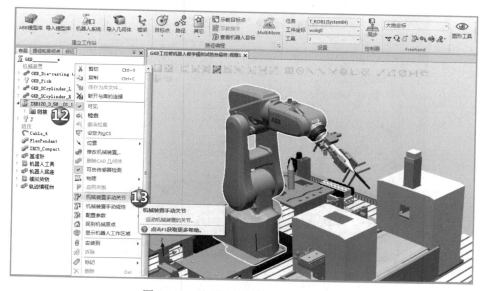

图 6.147　选择"机械装置手动关节"

将 1 轴和 5 轴分别调整为–90° 和 90° ，如图 6.148 所示。

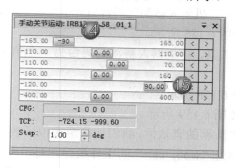

图 6.148　将 1 轴和 5 轴分别调整为–90° 和 90°

选择"手动线性"工具，将机器人拖到外侧码台角端附近，如图 6.149 和图 6.150 所示。

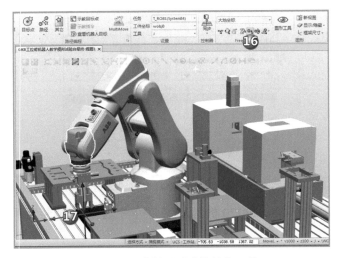

图 6.149　选择"手动线性"工具

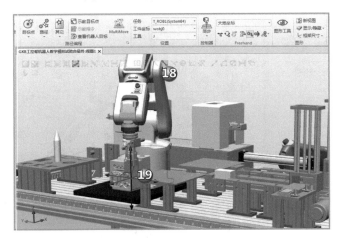

图 6.150　将机器人拖到外侧码台角端附近

选择"捕捉末端"工具，将机器人校准针移到外侧的角端上，如图 6.151 所示。

修改 X1 点的位置，如图 6.152 所示。

使用"手动线性"工具，将机器人移动到码台另一个角端上，如图 6.153 和图 6.154 所示。

修改 X2 点的位置，如图 6.155 所示。

再次使用"手动线性"工具，将机器人移动到码台另一个角端上，如图 6.156 和图 6.157 所示。

修改 Y1 点位置，如图 6.158 所示。

单击"确定"按钮，如图 6.159 所示。

为了验证刚建立的工件数据的有效性，我们切换至虚拟示教器界面，选择线性动作模式，选择工件坐标系，选择名称为"wobj_gkb"的工件坐标，对示教器上电并按照 X 轴、Y 轴和 Z 轴这 3 个方向移动，根据显示数值的增减验证工件坐标是否为工艺要求的坐标参考系方向。

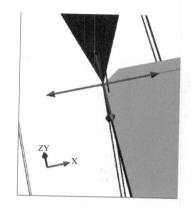

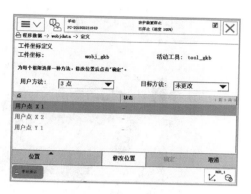

图 6.151　机器人校准针移到外侧角端上

图 6.152　修改 X1 点的位置

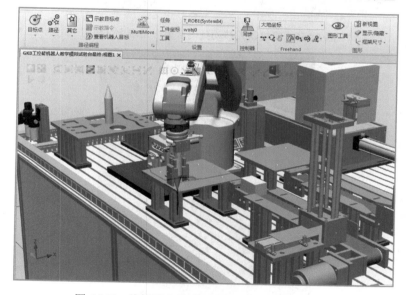

图 6.153　将机器人移动到码台另一角端上（一）

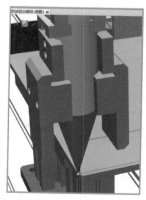

图 6.154　将机器人移动到码台另一角端上（二）

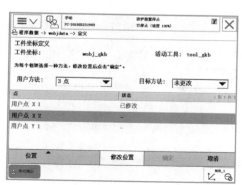

图 6.155　修改 X2 点位置

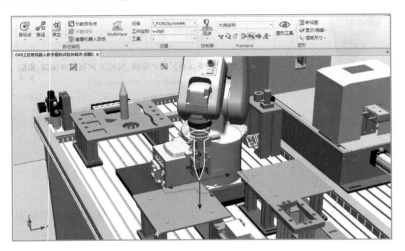

图 6.156　将机器人移动到码台另一角端上（三）

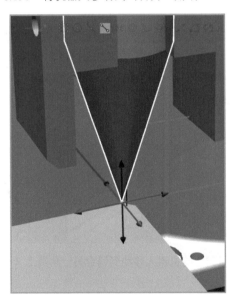

图 6.157　将机器人移动到码台另一角端上（四）

图 6.158　修改 Y1 点位置　　　　　　　　图 6.159　单击"确定"按钮

6.5.3　载荷数据（loaddata）的设定

载荷数据的参数设定方法如图 6.160～图 6.167 所示。

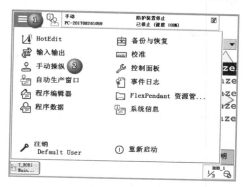

图 6.160　选择"手动操纵"

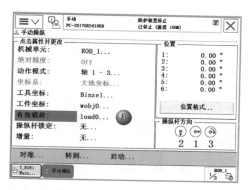

图 6.161　选择"有效载荷"

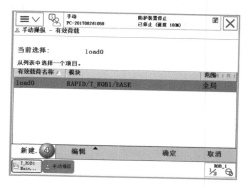

图 6.162　单击"新建…"按钮

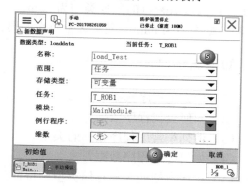

图 6.163　修改程序数据名称

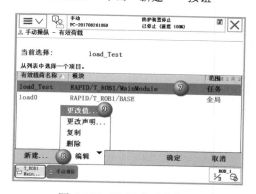

图 6.164　选择"更改值…"

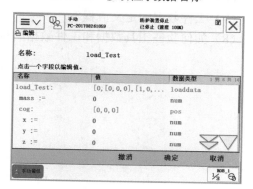

图 6.165　设置"mass"字段和"cog"字段

根据需要进行设置，设置完成后单击"确定"按钮。

图 6.165 中，mass 的数据类型为 num，表示负载的质量，以 kg 为单位；cog 的数据类型为 pos，如果机械臂正夹持着工具，则用工具坐标系表示有效负载的重心，以 mm 为单位。

图 6.166 中，aom 的数据类型为 orient，表示矩轴的姿态。存在始于 cog 的有效负载惯

性矩的主轴。如果机械臂正夹持着工具，则用工具坐标系来表示矩轴。

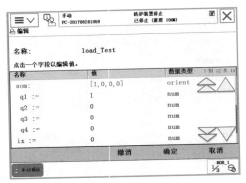

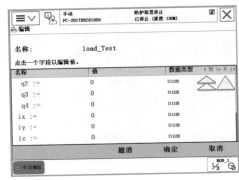

图 6.166　设置"aom"字段　　　　　　图 6.167　设置"ix""iy""iz"字段

图 6.167 中，ix（inertia x）的数据类型为 num，表示力矩 X 轴负载的惯性矩，以 $kg·m^2$ 为单位；iy（inertia y）的数据类型为 num，表示 Y 轴负载的惯性矩，以 $kg·m^2$ 为单位；iz（inertia z）的数据类型为 num，表示 Z 轴负载的惯性矩，以 $kg·m^2$ 为单位。

知识点练习

（1）什么是程序数据？
（2）如何查找程序数据？
（3）请列举常用程序数据的类型。
（4）如何建立程序数据？
（5）程序数据的 3 种存储类型和特征分别是什么？
（6）工具数据的定义流程？
（7）工件数据的定义流程？
（8）如何验证工具数据和工件数据的有效性？

ABB 工业机器人的 RAPID 编程

7.1 RAPID 程序及指令

RAPID 意指"快速的",也就意味着能对 ABB 工业机器人进行快捷编程。RAPID 程序是一种英文编程语言,而且是高级语言,它包含的指令可以读取输入、移动机器人、设置输出等,还能实现决策、重复其他指令、构造程序以及与系统操作员交流等功能。

RAPID 程序架构如图 7.1 所示,可做如下说明:

(1)由程序模块和系统模块组成。
- 程序模块——控制机器人的程序;
- 系统模块——控制系统方面的程序。

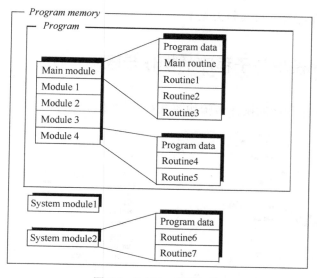

图 7.1 RAPID 程序架构

例如，Windows-7 属于系统模块的系统程序；RobotStudio 属于程序模块的软件应用程序。

程序模块由各种程序数据和程序构成，每个模块或整个程序都可以复制到磁盘等设备中，反之也可以从这些设备中复制模块或程序；系统模块由系统专用程序数据和程序构成，系统模块不会随程序一同保存。

（2）根据用途创建多程序模块。

例如，根据用户需求建立程序文件夹，如图 7.2 所示。

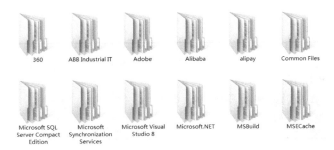

图 7.2　根据用户需求建立程序文件夹

（3）每个程序模块包含程序数据、例行程序、中断程序和功能四部分；四者之间可以相互调用，但并不是每个模块都必须包含这四部分。

（4）在 RAPID 程序中有且只有一个主程序。

（5）中断程序的优先级高于例行程序。

注：程序模块、程序、程序语句和指令之间的相互关系可由以下描述说明：

● 程序模块：类似文件夹或一本书；

● 程序：文件夹中的文件或一页纸；

● 程序语句：每页纸上的一行字；

● 指令：实现某一特定功能的符号。

RAPID 程序数据、类型及其分类见本书第 6 章。

7.2　创建程序模块与子程序的操作步骤

创建程序模块和子程序的操作步骤如图 7.3～图 7.10 所示。

图 7.3　选择"程序编辑器"

图 7.4　在"文件"中选择"新建模块…"

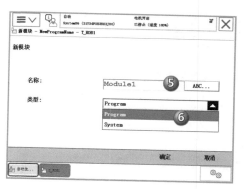

图 7.5　设置新模块的名称和类型

图 7.6　选择"Module1"并单击"显示模块"按钮

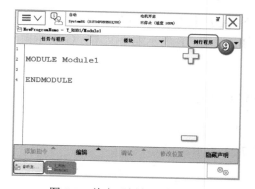

图 7.7　单击"例行程序"按钮

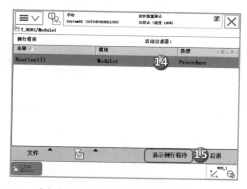

图 7.8　在"文件"中选择"新建例行程序…"

图 7.9　修改例行程序名称

图 7.10　选择例行程序并单击"显示例行程序"按钮

至此，就可以添加指令进行编程了。

7.3　常用 RAPID 程序指令与功能

　　ABB 工业机器人的 RAPID 编程提供了丰富的指令来实现各种功能，本节介绍"Common"页面中的指令（如图 7.11 所示），为之后的高级编程打下扎实基础。

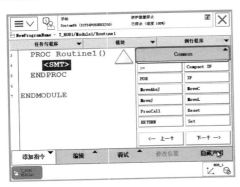

图 7.11 "Common" 页面中的指令

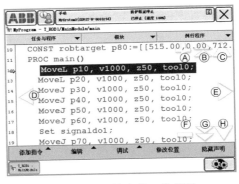

图 7.12 编程环境中的三角符号

图 7.12 是编程环境中的三角符号，其定义如下：A 表示放大文本；B 表示向上滚动一页；C 表示向上滚动一行；D 表示向左滚动；E 表示向右滚动；F 表示缩小文本；G 表示向下滚动一页；H 表示向下滚动一行。

7.3.1 赋值指令——赋值一个常量或数学表达式

首先创建名称为 "assign_gkb" 的例行程序，然后进入编程界面，本节介绍高级赋值语句：自加数学运算，具体操作步骤如图 7.13～图 7.23 所示。

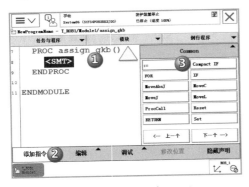

图 7.13 新建例行程序（一）

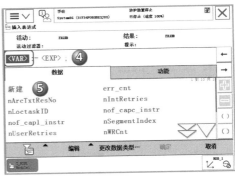

图 7.14 新建例行程序（二）

图 7.15 修改程序数据名称

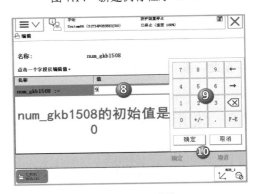

图 7.16 设置初始值

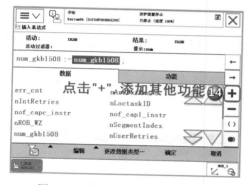

图 7.17　单击"确定"按钮

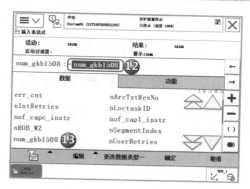

图 7.18　创建赋值语句

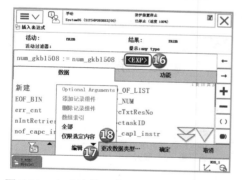

图 7.19　单击"+"添加其他功能

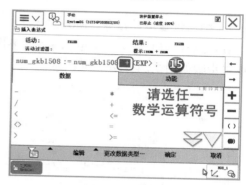

图 7.20　选择数学运算符号

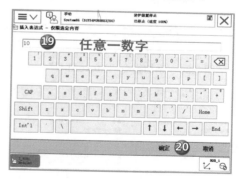

图 7.21　在"编辑"中选择"仅限选定内容"

图 7.22　选择自加的数字

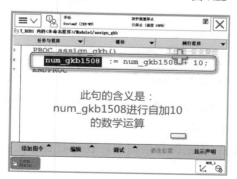

图 7.23　自加数学运算设置完成

至此，赋值语句已经编写完毕，接下来进入调试阶段，创建赋值语句测试程序数据的具体操作步骤见 6.4 节。我们可以通过运算得出 num_gkb1508 每次都会在赋值的基础上自加 10。

7.3.2 ABB 工业机器人运动指令

ABB 工业机器人在空间的运动有如下 4 种形式：

- 绝对位置运动；
- 关节运动；
- 线性运动；
- 圆弧运动。

1. 绝对位置运动指令（MoveAbsJ）

MoveAbsJ（Move Absolute Joint）用于将机械臂和外轴移动至轴位置中指定的绝对位置，其设置步骤如图 7.24～图 7.28 所示。

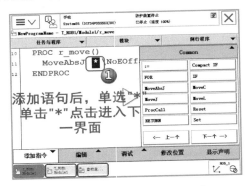

图 7.24 添加指令 "MoveAbsJ"

图 7.25 选择 "表达式…"

图 7.26 在"编辑"中选择"仅限选定内容"

图 7.27 修改位置数据

在本例中将该图 7.27 中数据全部设置为"0"，目的是让机器人的 6 个轴都回到机械零点（0°）的位置，如图 7.28 所示。

完成设置后单击"确定"按钮保存当前值，在运行程序后机器人的 6 个轴全部回到了机械零点。

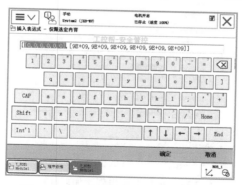

图 7.28　将该组数据全部设置为 "0"

2. 关节运动指令（MoveJ）

关节运动指令适合在机器人做大范围运动时使用，它在运动过程中不容易出现关节轴进入机械死点的问题。同时，关节运动指令适合在对路径精度要求不高的情况下使用。机器人的 TCP 从 A 点运动到 B 点，两个位置之间的路径不一定是直线，有可能是弧线。常见的关节运动指令如图 7.29 所示。

图 7.29 中，phome 为机器人 TCP 运行的目标点，数据类型为 robotarget；V1000 为机器人 TCP 运行的速度，数据类型为 speeddata；Z50 为机器人 TCP 的区域参数，数据类型为 zonedata；tWeldGun 为机器人 TCP 的工具参数，数据类型为 tooldata；wobj_gkb 为当前运动指令使用的工件坐标。在实际应用中可以通过示教器修改或选择适合工艺要求的这 5 项参数（前提是这些参数必须先定义再使用）。此处以 MoveJ 指令为例创建一个矩形运行轨迹，如图 7.30 所示。

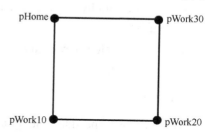

```
PROC r_move()
    MoveJ phome, v1000, z50, tWeldGun\WObj:=wobj_gkb;
ENDPROC
```

图 7.29　关节运动指令

图 7.30　矩形运行轨迹

程序指令步骤如图 7.31～图 7.33 所示。

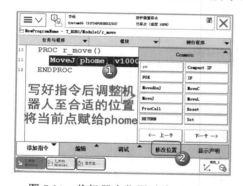

图 7.31　将机器人位置赋给 phome

图 7.32　单击 "修改" 按钮

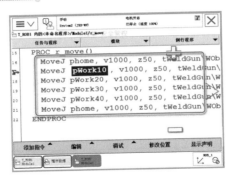

图 7.33   重复上述步骤添加后续语句

相关参数讲解——速度数据（speeddata）

speeddata 用于规定机械臂和外轴开始移动时的速度，包括以下 3 部分：

- 工具中心点（TCP）移动时的速度；
- TCP 的重新定位速度；
- 线性或旋转外轴移动时的速度。

1）组件

- v_tcp（velocity tcp）。数据类型为 num，表示 TCP 的速度，以 mm/s 为单位。如果使用固定工具或协调外轴，则定义为相对于工件的速度。
- v_ori（velocity orientation）。数据类型为 num，表示 TCP 的重新定位速度，以 °/s 为单位。如果使用固定工具或协调外轴，则定义为相对于工件的速度。
- v_leax（velocity linear external axes）。数据类型为 num，表示线性外轴的速度，以 mm/s 为单位。
- v_reax（velocity rotational external axes）。数据类型为 num，表示旋转外轴的速度，以 °/s 为单位。

2）举例

假设 CONST speeddata Sp_gkb1508 := [1000, 30, 200, 15]；定义速度数据 Sp_gkb1508 使用以下速度（如图 7.34 和图 7.35 所示）：

- TCP 的移动速度为 1000 mm/s；

图 7.34   修改速度数据 Sp_gkb1508 的初始值

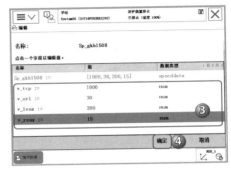

图 7.35   定义 v_tcp、v_ori、v_leax、v_reax 的值

- TCP 的重新定位速度为 30 °/s;
- 线性外轴速度为 200 mm/s;
- 旋转外轴速度为 15 °/s。

3）预定义数据

在系统中已预定义了一系列速度数据，见表 7.1。

表 7.1 系统中预定义的速度数据

名称	TCP 速度/（mm/s）	TCP 重新定位速度/（°/s）	线性外轴速度/（mm/s）	旋转外轴速度/（°/s）
v5		500	5000	1000
v10	10	500	5000	1000
v20	20	500	5000	1000
v30	30	500	5000	1000
v40	40	500	5000	1000
v50	50	500	5000	1000
v60	60	500	5000	1000
v80	80	500	5000	1000
v100	100	500	5000	1000
v150	150	500	5000	1000
v200	200	500	5000	1000
v300	300	500	5000	1000
v400	400	500	5000	1000
v500	500	500	5000	1000
v600	600	500	5000	1000
v800	800	500	5000	1000
v1000	1000	500	5000	1000
v1500	1500	500	5000	1000
v2000	2000	500	5000	1000
v2500	2500	500	5000	1000
v3000	3000	500	5000	1000
v4000	4000	500	5000	1000
v5000	5000	500	5000	1000
v6000	6000	500	5000	1000
v7000	7000	500	5000	1000
vmax	*)	500	5000	1000

通过指令 MoveExtJ，可使用已预定义的速度数据来旋转外轴，见表 7.2。

表 7.2 用于旋转外轴的预定义速度数据

名称	TCP 速度/（mm/s）	TCP 重新定位速度/（°/s）	线性外轴速度/（mm/s）	旋转外轴速度/（°/s）
vrot1	0	0	0	1
vrot2	0	0	0	2
vrot5	0	0	0	5

续表

名称	TCP 速度/（mm/s）	TCP 重新定位速度/（°/s）	线性外轴速度/（mm/s）	旋转外轴速度/（°/s）
vrot10	0	0	0	10
vrot20	0	0	0	20
vrot50	0	0	0	50
vrot100	0	0	0	100

通过指令 MoveExtJ，可使用预定义的速度数据来线性移动机械臂，见表 7.3。

表 7.3　用于线性移动机械臂的预定义速度数据

名称	TCP 速度/（mm/s）	TCP 重新定位速度/（°/s）	线性外轴速度/（mm/s）	旋转外轴速度/（°/s）
vlin10	0	0	10	0
vlin20	0	0	20	0
vlin50	0	0	50	0
vlin100	0	0	100	0
vlin200	0	0	200	0
vlin500	0	0	500	0
vlin1000	0	0	1000	0

注：速度一般最高为 5000 mm/s，在手动状态下的运动速度限速为 250 mm/s。

相关参数讲解——区域数据（zonedata）

zonedata 用于规定如何结束一个位置，即在向下一个位置移动之前，轴必须如何接近目标位置。

例如，在图 7.36 中左上角，第一行语句采用 z50 的区域数据，即 TCP 在接近以目标点 p10 为圆心，50 mm 为半径的圆形区域（图 7.36 中虚线标注处）时，开始做圆弧运动，圆弧的半径大小由 p00、p10 和 p20 共同决定的。

图中第二行语句表示 TCP 采用 "fine" 方式到达 p20。

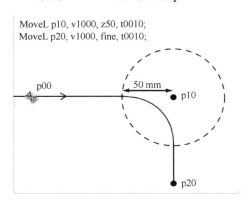

图 7.36　区域数据 p00、p10 和 p20

1）组件

● Finep（fine point）。数据类型为 bool，Finep 用来规定运动是否随着停止点（fine 点）或飞越点而结束。其中，TRUE 表示运动随停止点而结束，且程序将不再继续执行，直至机械臂达到停止点；FALSE 表示运动随飞越点而结束，且程序在机械臂达到有关区域之前继续执行大约 100 ms。

- pzone_tcp（path zone TCP）。数据类型为 num，pzone_tcp 表示 TCP 区域的尺寸（半径），以 mm 为单位。
- pzone_ori（path zone orientation）。数据类型为 num，将 pzone_ori 半径定义为 TCP 距编程点的距离，以 mm 为单位。pzone_ori 的值必须大于对应 pzone_tcp 的值。如果规定更低的值，则 pzone_ori 的值自动增加，以使其与 pzone_tcp 相同。
- pzone_eax（path zone external axes）。数据类型为 num。将 pzone_eax 半径定义为 TCP 距编程点的距离，以 mm 为单位。pzone_eax 的值必须大于对应 pzone_tcp 的对应值。如果规定更低的值，则 pzone_eax 的值自动增加，以使其与 pzone_tcp 相同。
- zone_ori（zone orientation）。数据类型为 num，表示工具重定位的区域半径，以°为单位。如果机械臂正夹持着工件，则 zone_ori 表示有关工件的旋转角。
- zone_leax（zone linear external axes）。数据类型为 num，表示线性外轴的区域半径，以 mm 为单位。
- zone_reax（zone rotational external axes）。数据类型为 num，表示旋转外轴的区域半径，以°为单位。

2）举例

假设 VAR zonedata path := [FALSE, 50, 60, 70, 20, 30, 40]，通过以下特征，定义区域数据（如图 7.37 和图 7.38 所示）：

- TCP 路径的区域半径为 50 mm；
- 工具重新定位的区域半径为 60 mm（TCP 运动）；
- 外轴的区域半径为 70 mm（TCP 运动）。

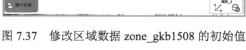

图 7.37　修改区域数据 zone_gkb1508 的初始值　　　　图 7.38　定义各组件参数值

如果 TCP 静止不动，或存在大幅度重新定位，又或者存在有关该区域的外轴大幅度运动，则应采用如下参数定义组件：

- 工具重新定位的区域半径为 20°；
- 线性外轴的区域半径为 30 mm；
- 旋转外轴的区域半径为 40°。

3）预定义数据

在系统中已预定义了一系列区域数据。其中，停止点采用参数"fine"。飞越点的参数见表 7.4。

表 7.4　区域数据（飞越点参数）

	路径区域			空间区域（Zone）		
名称	TCP 路径/mm	工具重定位（TCP 运动）/mm	外轴/mm	工具重定位/°	线性外轴/mm	旋转外轴/°
z0	0.3	0.3	0.3	0.03	0.3	0.03
z1	1	1	1	0.1	1	0.1
z5	5	8	8	0.8	8	0.8
z10	10	15	15	1.5	15	1.5
z15	15	23	23	2.3	23	2.3
z20	20	30	30	3.0	30	3.0
z30	30	45	45	4.5	45	4.5
z40	40	60	60	6.0	60	6.0
z50	50	75	75	7.5	75	7.5
z60	60	90	90	9.0	90	9.0
z80	80	120	120	12	120	12
z100	100	150	150	15	150	15
z150	150	225	225	23	225	23
Z200	200	300	300	30	300	30

3. 线性运动指令（MoveL）

线性运动是指机器人 TCP 点从起点至终点之间的路线始终保持为直线，MoveL 指令一般用在焊接、涂胶等对路径精度要求高的场景。线性运动指令如图 7.39 所示。

```
17   PROC r_move()
18      MoveJ phome, v1000, z50, AW_Gun;
19   ENDPROC
```

图 7.39　线性运动指令

需要对线性运动指令做如下说明：

- MoveJ 和 MoveL 指令可以进行相互转换，如图 7.40 所示。
- 将光标移至语句的最左边后，单击可以调出"可选变量"，可以根据工艺要求进行添加或删除，如图 7.41 和图 7.42 所示。

4. 圆弧运动指令（MoveC）

圆弧运动是指机器人 TCP 在可到达的空间范围内沿圆周移动至指定的目标点。我们以 MoveC 指令为例创建一个圆形运行轨迹，如图 7.43 所示。

图中，

- pWork60 为圆弧的起点；

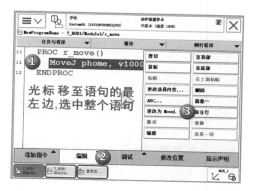

图 7.40　MoveJ 和 MoveL 指令可相互转换

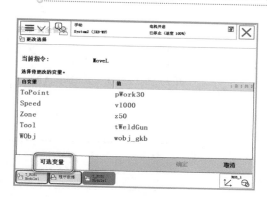

图 7.41　单击"可选变量"按钮

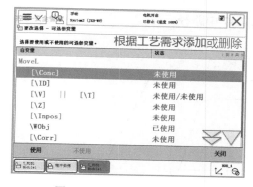

图 7.42　添加或删除可选变量

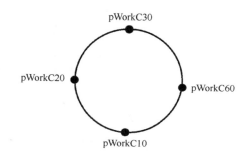

图 7.43　圆弧运行轨迹

- pWorkC10 为圆弧的曲率点；
- pWorkC20 为圆弧的终点。

MoveC 指令如图 7.44 所示。

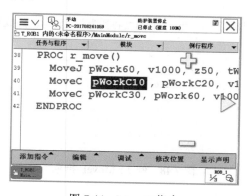

图 7.44　MoveC 指令

需要注意的是，本例中的 pWork60、pWorkC10、pWorkC20 和 pWorkC30 必须在同一个水平面上，否则轨迹无法生成 。

例 7.1　采用 MoveL 指令（fine）实现图 7.45 中路径。

MoveL 指令如图 7.46 所示。

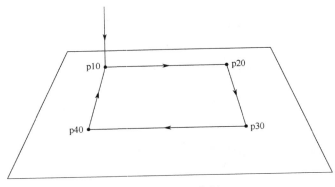

图 7.45　例 7.1 运动路径

```
PROC main()
  MoveL p10, v200, fine, tPen;
  MoveL p20, v200, fine, tPen;
  MoveL p30, v200, fine, tPen;
  MoveL p40, v200, fine, tPen;
  MoveL p10, v200, fine, tPen;
ENDPROC
```

图 7.46　例 7.1 MoveL 指令

例 7.2　采用 MoveL 指令（fine+z*）实现图 7.47 中路径。

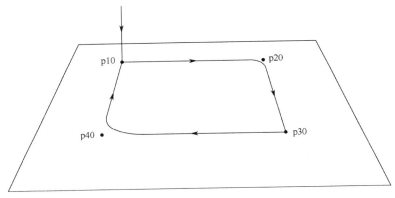

图 7.47　例 7.2 运动路径

MoveL 指令如图 7.48 所示。

注：在机器人 TCP 达到目标点后，"fine"的速度将变为零；转弯区的数值越大，机器人的运动路径就越圆滑和流畅。

```
PROC main()
  MoveL p10, v200, fine, tPen;
  MoveL p20, v200, z20, tPen;
  MoveL p30, v200, fine, tPen;
  MoveL p40, v200, z50, tPen;
  MoveL p10, v200, fine, tPen;
ENDPROC
```

图 7.48　例 7.2 MoveL 指令

7.3.3　I/O 控制指令

I/O 控制指令用于控制外部 I/O 信号，以达到外围设备与机器人进行通信的目的。下面介绍基本的 I/O 控制指令。

1．数字信号置位（Set）指令

Set 指令用于将数字输出信号的值设置为"1"。

例如，Set do32 表示将信号 do32 设置为 1，如图 7.49 和图 7.50 所示。

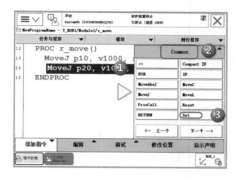 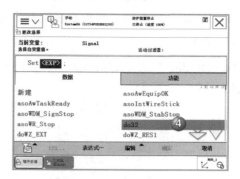

图 7.49 选择"Set"指令　　　　　　图 7.50 将信号 do32 设置为 1

单击"确定"按钮后该语句生效，如图 7.51 所示。

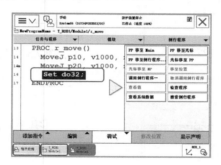

图 7.51 语句生效

2. 数字信号复位（Reset）指令

Reset 指令用于将数字输出信号的值设置为"0"。

例如，Reset do32 表示将信号 do32 设置为 0，如图 7.52 所示。

图 7.52 将信号 do32 设置为 0

注：

● 在选择"Reset"指令时，它会自动关联以前的 DO 信号，如果该信号不是本程序所需，请重新选择。

● 如果在 Set /Reset 指令前有运动指令的转弯区数据，必须使用"fine"指令才能准确地输出 I/O 信号状态的变化。

3. 数字输入信号判断（WaitDI）指令

WaitDI 指令指令用于判断数字输入信号的值是否与目标值一致。

1）举例

WaitDI di0 1 表示等待 di0 的信号为 1 时再执行下一条语句，WairDI 指令的设置如图 7.53～图 7.56 所示。

图 7.53　选择"Wait DI"指令

图 7.54　选择"di0"并设置为 1

图 7.55　单击"确定"按钮

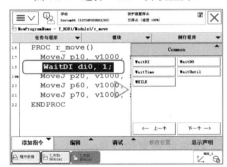

图 7.56　语句生效

在程序运行至语句"WaitDI di0，1"且 di0 不为"1"时，程序会弹出提示框，选择"是"继续当前运行；若选择"否"则程序会在此停止，直到强制仿真将 di0 置为 1 后程序才会继续向下进行，如图 7.57 所示。

图 7.57　将 di0 置为 1

2）指令组成

典型的 WaitDI 指令如下：

WaitDI Signal Value [\MaxTime] [\TimeFlag]

该指令由 4 部分构成：

- Signal。数据类型为 signaldi，表示信号的名称。
- Value。数据类型为 dionum，表示信号的期望值。
- [\MaxTime]。Maximum Time 的数据类型为 num，表示允许的最长等待时间，以 s 为单位。如果在满足条件之前耗尽该时间，程序将报错。如果添加 TimeFlag 变量，则程序会在等待最长时间后继续运行。
- [\TimeFlag]。Timeout Flag 的数据类型为 bool。如果在满足条件之前耗尽最长等待时间，则输出的 bool 值为 "TRUE"。

注：如果本指令中不包括 MaxTime 参数，则忽略该参数。

以上述程序为例，添加 "变量" 的步骤为选中整段语句后用鼠标左键选择 "可选变量"，调出 "变量" 页面，选中要使用的变量调用即可。

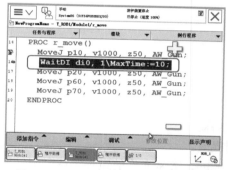

图 7.58　指令中未添加 TimeFlag 变量

图 7.59　耗尽最长等待时间后程序报错

如图 7.58 和图 7.59 所示，若等待 di0 为 "1" 的时间超过 10 s，程序会报错。而在添加了 TimeFlag 变量后，若等待 di0 为 "1" 的时间超过 10 s，程序会继续运行，同时输出 TimeFlag 为 "TRUE"，如图 7.60 和图 7.61 所示。

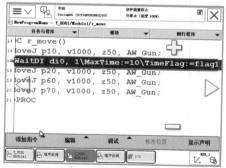

图 7.60　指令中添加了 TimeFlag 变量

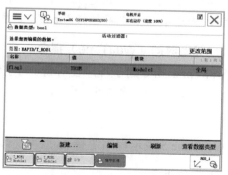

图 7.61　输出 TimeFlag 为 "TRUE"

在添加 TimeFlag 变量后，在程序运行过程中会弹出提示窗口，在不选择 "是" 或 "否" 的情况下，程序会默认选择 "是" 并继续运行下一句，同时输出 TimeFlag 为 "TRUE"，并且在程序进行下一次执行时会重新将 TimeFlag 置为 "FALSE"。

4．数字输出信号判断（WaitDO）指令

WaitDO 指令用于判断数字输出信号的值与目标值是否一致。

1）举例

WaitDO do32 1 表示等待 do32 的信号为 1 时再执行下一条语句。WaitDO 指令的设置如图 7.62 和图 7.63 所示。

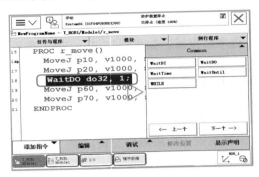

图 7.62　选择"WaitDO"指令　　　　　图 7.63　语句生效

2）指令组成

典型的 WaitDO 指令如下：

WaitDO Signal Value [\MaxTime] [\TimeFlag]

该指令由 4 部分构成：

- Signal。数据类型为 signaldo，表示信号的名称。
- Value。数据类型为 dionum，表示信号的期望值。
- [\MaxTime]。Maximum Time 的数据类型为 num，表示允许的最长等待时间，以 s 为单位。如果在满足条件之前耗尽该时间，程序将报错。如果添加了 TimeFlag 变量，则程序会在等待最长时间后继续运行。
- [\TimeFlag]。Timeout Flag 的数据类型为 bool。如果在满足条件之前耗尽最长等待时间，则输出的 bool 值为"TRUE"。

注：如果本指令中不包括 MaxTime 参数，则忽略该参数。

5．等待时间（WaitTime）指令

WaitTime 指令用于程序在等待一个指定的时间后再继续执行下一条语句。WaitTime 指令的设置如图 7.64～图 7.66 所示。

1）举例

WaitTime 5 表示程序等待 5s 后再继续执行下一条语句。

2）指令组成

典型的 WaitTime 指令如下：

WaitTime [\InPos] Time

该指令由两部分构成：

- [\InPos]（In Position）。[\InPos]的数据类型为 switch，如果使用该参数，则在开始统计等待时间之前，机械臂和外轴必须静止。如果任务控制机械单元，则仅可使用该参数。

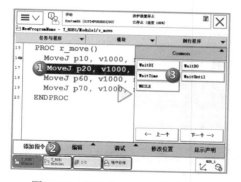

图 7.64　选择"WaitTime"指令

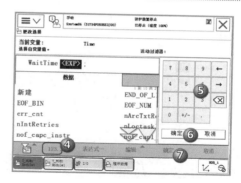

图 7.65　设置等待时间

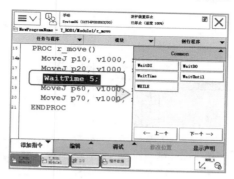

图 7.66　语句生效

- Time。数据类型为 num，程序执行等待的最短时间为 0 s。最长时间不受限制，分辨率为 0.001 s。

6. 等待至满足条件（WaitUntil）指令

WaitUntil 指令用于判断布尔量、数字量和 I/O 信号值，如果条件达到指令的设定值，程序继续向下执行，否则一直等待至最大等待时间。

1）举例

WaitUntil di0 = 1 表示仅在已设置 di0 信号的输入为 1 后，程序继续执行。WaitUntil 指令的设置如图 7.67～图 7.76 所示。

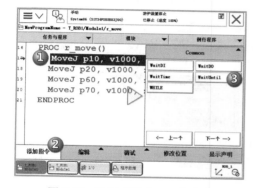

图 7.67　选择"WaitUntil"指令

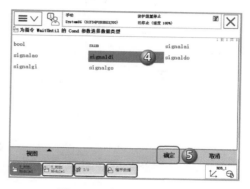

图 7.68　选择数据类型

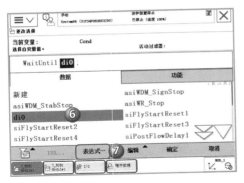

图 7.69 选择信号"di0"

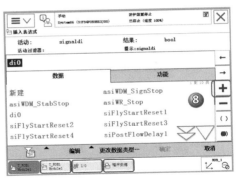

图 7.70 单击"+"按钮

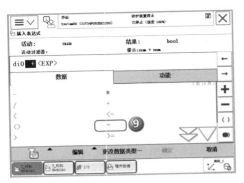

图 7.71 选择"="

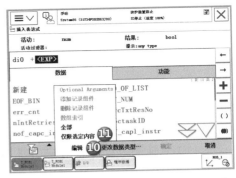

图 7.72 在"编辑"中选择"仅限选定内容"

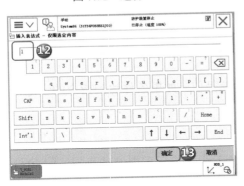

图 7.73 输入"1"

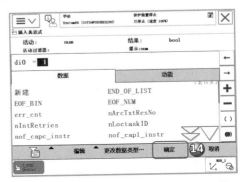

图 7.74 单击"确定"按钮

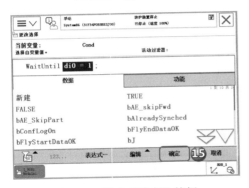

图 7.75 单击"确定"按钮

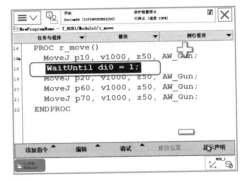

图 7.76 语句生效

2）指令组成

典型的 WaitUntil 指令如下：

WaitUntil [\InPos] Cond [\MaxTime] [\TimeFlag] [\PollRate]

该指令由 5 部分构成：

- [\InPos]。[\InPos]的数据类型为 switch，如果使用该参数，则机械臂和外轴必须在继续执行之前到达停止点。如果任务控制机械单元，则仅可使用该参数。
- Cond。数据类型为 bool，表示需要等待的条件的逻辑表达式。
- [\MaxTime]。数据类型为 num，表示允许的最长等待时间，以 s 为单位。如果在满足条件之前耗尽该时间，程序将报错。如果添加了 TimeFlag 变量，则程序会在等待最长时间后继续运行。
- [\TimeFlag]。Timeout Flag 的数据类型为 bool，如果在满足条件之前耗尽最长等待时间，则输出的 bool 值为 "TRUE"。
- [\PollRate]。Polling Rate 的数据类型为 num，表示查询率，以 s 为单位，用来检查参数 Cond 中的条件是否为 "TRUE"。这意味着 WaitUntil 指令首先应立即检查条件参数，且如果为非 "TRUE"，则等待指定的时间，直至参数 Cond 中的条件变为 "TRUE"。最小查询率为 0.04 s。如果 Waituntil 指令中未使用该参数，则将默认设置查询率为 0.1 s。

注：如果本指令中不包括 MaxTime 参数，则忽略该参数。

7. 条件逻辑判断（Compact IF）指令

Compact IF 指令表示如果满足条件，那么就执行某一项指令。

当单项指令仅在满足给定条件的情况下执行时，使用 Compact IF 指令；如果需要执行不同的指令，则根据是否满足特定条件，使用 IF 指令。

1）举例

IF di0=1 Set do32 表示在 di0 信号为 1 的情况下，将信号 d032 置 1，其设置步骤如图 7.77～图 7.86 所示。

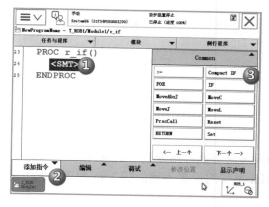

图 7.77　选择 "Compact IF" 指令

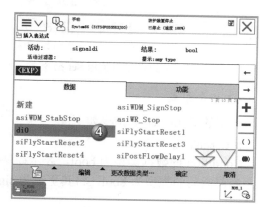

图 7.78　选择信号 "di0"

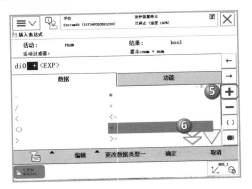

图 7.79　选择"="

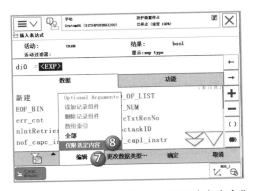

图 7.80　在"编辑"中选择"仅限选定内容"

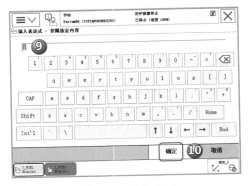

图 7.81　输入"1"

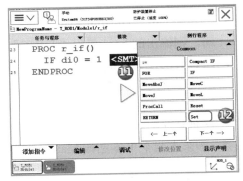

图 7.82　单击"确定"按钮

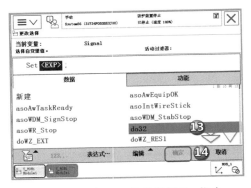

图 7.83　对 d032 信号使用 Set 指令

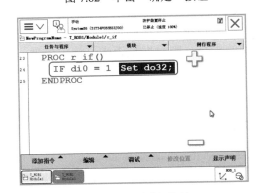

图 7.84　语句生效

2）指令组成

典型的 Compact IF 指令如下：

IF Condition ...

Condition 的数据类型为 bool，表示程序必须满足与执行指令相关的条件。

当前活动的类型为 bool，将其更改为 signaldi 类型的设置步骤如图 7.85 和图 7.86 所示。

8．条件逻辑判断（IF）指令

IF 用于根据是否满足条件，执行不同的指令。

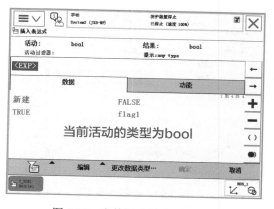

图 7.85　当前活动的类型为 bool

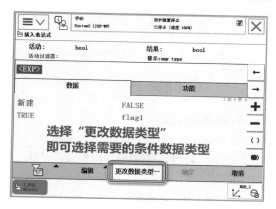

图 7.86　选择"更改数据类型"

1）举例

IF num_gkb1508 ＞ 5 THEN

Set do32;

ENDIF

上述语句的设置步骤如图 7.87～图 7.98 所示。

图 7.87　添加"IF"指令

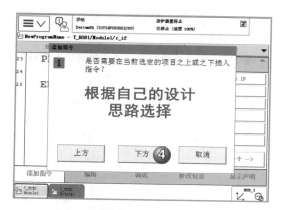

图 7.88　在项目之上或之下插入指令

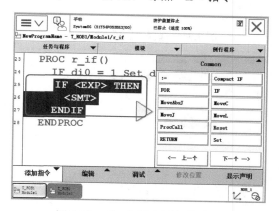

图 7.89　"IF"指令语句格式

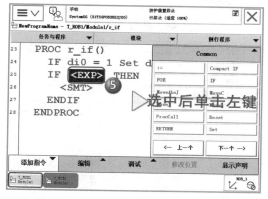

图 7.90　选中"<EXP>"并单击"添加指令"选项

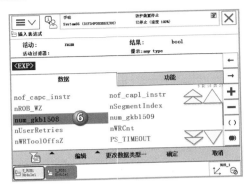

图 7.91　选择数据"num_gkb1508"

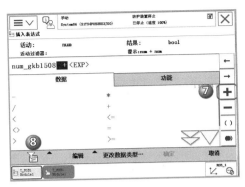

图 7.92　选择">"

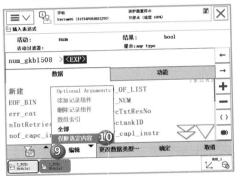

图 7.93　在"编辑"中选择"仅限选定内容"

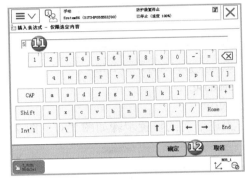

图 7.94　输入"5"

图 7.95　单击"确定"按钮

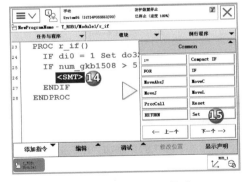

图 7.96　选择"Set"指令

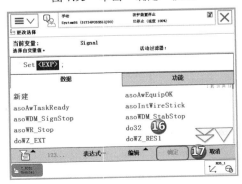

图 7.97　选择信号"d032"

图 7.98　语句生效

2）指令组成

典型的 IF 指令如下：

IF Condition THEN ...

{ELSEIF Condition THEN ...}

[ELSE ...]

ENDIF

其中，Condition 的数据类型为 bool，必须满足待执行的 THEN 和 ELSE/ELSEIF 之间指令的条件。

3）添加多层 ELSEIF 或 ELSE

添加多层 ELSEIF 或 ELSE 指令的步骤如图 7.99 和图 7.100 所示。

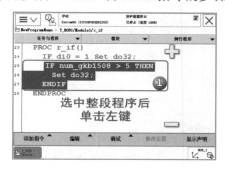

图 7.99　选中整段程序后单击左键

图 7.100　根据设计要求添加 ELSE 或 ELSEIF 指令

9．重复执行判断（FOR）指令

当一个或多个指令重复多次时，使用 FOR 指令。

1）举例

FOR i FROM 1 TO 10 DO

r_IF;

ENDFOR

上述语句表示，重复例行程序"r_IF"（无返回值）10 次。其中，i 为循环体的变量名，1 为起始值，10 为结束值。上述语句在程序中的实现步骤如图 7.101～图 7.107 所示。

注：起始值可以比结束值大。

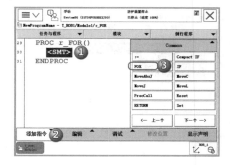

图 7.101　选择"FOR"指令

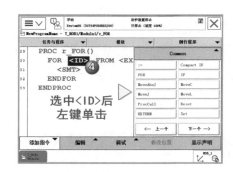

图 7.102　选中"<ID>"并单击"添加指令"选项

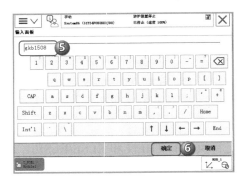

图 7.103　输入"gkb1508"

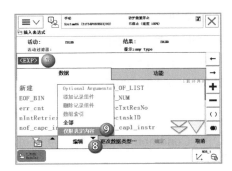

图 7.104　在"编辑"中选择"仅限选定内容"

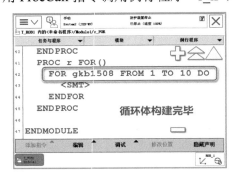

图 7.105　输入"1"

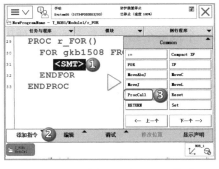

图 7.106　设置结束值为 10

用 ProcCall 指令调用例行程序"r_if"，如图 7.108～图 7.110 所示。

图 7.107　语句生效

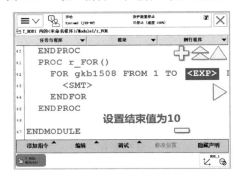

图 7.108　选择"ProcCall"指令

图 7.109　选择子程序"r_if"

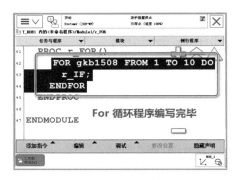

图 7.110　语句生效

2）指令组成

典型的 FOR 指令如下：

FOR Loop counter FROM Start value TO End value [STEP Step value]

DO ... ENDFOR

该指令由 4 部分构成：

- Loop counter。数据类型为 Identifier，表示包含当前循环计数器数值的数据名称。
- Start value。数据类型为 Num，表示循环计数器的期望起始值（通常为整数值）。
- End value。数据类型为 Num，表示循环计数器的期望结束值（通常为整数值）。
- Step value。数据类型为 Num，表示循环计数器在各循环的增量（或减量）值（通常为整数值）。如果未指定该值，则步进值默认设置为 1（若起始值大于结束值，则设置为−1）。

3）程序执行

程序执行的步骤如下：

① 评估起始值、结束值和步进值的表达式。

② 向循环计数器分配起始值。

③ 检查循环计数器的数值，查看其数值是否介于起始值和结束值之间，或者是否等于起始值或结束值。如果循环计数器的数值在此范围之外，则 FOR 循环停止，且程序继续执行 ENDFOR 后面的指令。

④ 执行 FOR 循环中的指令。

⑤ 按照步进值，使循环计数器增量（或减量）。

⑥ 重复 FOR 循环，从步骤③开始。

10. 条件判断（WHILE）指令

WHILE 表示只要给定条件被评估为"TRUE"，就重复循环体内的指令。如果能确定重复的次数，则可以使用 FOR 指令。

1）举例

WHILE num_gkb < num_gkb1508 DO

num_gkb := num_gkb + 1;

ENDWHILE

上述语句表示只要 num_gkb < num_gkb1508，就重复 WHILE 循环体中的指令。上述语句的实现步骤如图 7.111～图 7.122 所示。

2）指令组成

典型的 WHILE 指令如下：

WHILE Condition DO ... ENDWHILE

其中，Condition 的数据类型为 bool，只有当条件为"TRUE"时才能执行 WHILE 循环体中的指令。

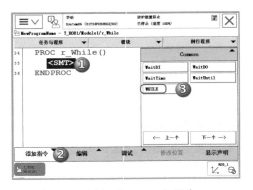

图 7.111　添加 "WHILE" 指令

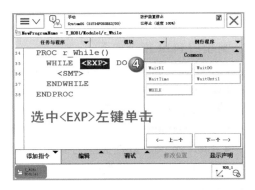

图 7.112　选中 "<EXP>" 并单击 "添加指令" 选项

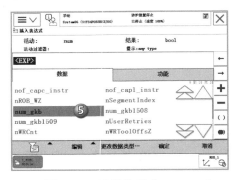

图 7.113　选择数据 "num_gkb"

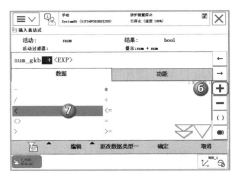

图 7.114　选择 "<"

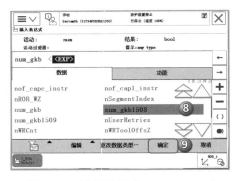

图 7.115　选择数据 "num_gkb1508"

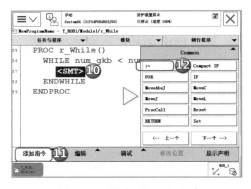

图 7.116　添加 "∶=" 指令

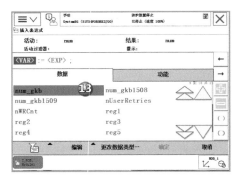

图 7.117　选择 "num_gkb"

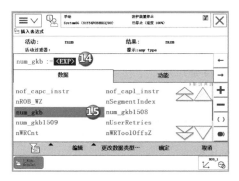

图 7.118　再次选择 "num_gkb"

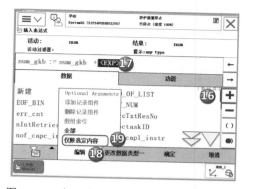

图 7.119　在"编辑"中选择"仅限选定内容"

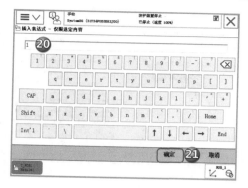

图 7.120　输入"1"

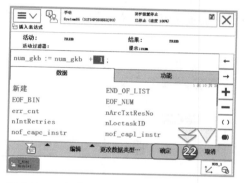

图 7.121　完成 WHILE 循环体中指令的添加

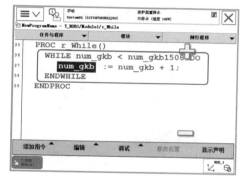

图 7.122　语句生效

3）程序执行

① 评估条件表达式。如果条件表达式被评估为"TRUE"，则执行 WHILE 循环体中的指令。

② 再次评估条件表达式，如结果为"TRUE"，则再次执行 WHILE 循环体中的指令。

③ 进行迭代，直至表达式评估结果变为"FALSE"。

④ 终止迭代，并在 WHILE 循环体后根据本指令继续执行程序。

如果表达式评估结果在开始时为"FALSE"，则不执行 WHILE 循环体中的指令，且程序控制立即转移至 WHILE 循环体后的指令。

11．调用例行程序（ProcCall）指令

ProcCall 指令用于将程序执行转移至另一个无返回值的程序。当充分执行该无返回值程序后，程序将继续执行调用例行程序后的指令。

ProcCall 指令在程序中的实现如图 7.123 和图 7.124 所示。

12．返回例行程序（RETURN）指令

RETURN 指令用于完成程序的执行。如果程序是一个函数，则同时返回函数值。

1）举例

（1）无返回值。

假设在例行程序"r_While"的 WHILE 循环体中添加 "RETURN"指令，具体实现步骤如下：

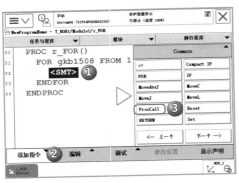

图 7.123　添加"ProcCall"指令

图 7.124　添加"r_if"子程序

新建一例行程序"r_Return"并调用"r_While"，接着置位信号"do32"，如图 7.125 和图 7.126 所示。

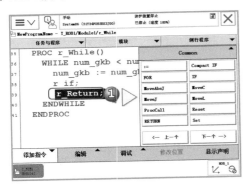

图 7.125　新建例行程序"r_Return"

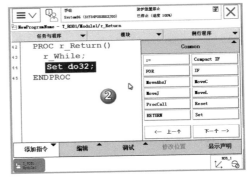

图 7.126　置位信号"do32"

查看 do32 和 num_gkb 的值（do32 和 num_gkb 初始值为"0"），如图 7.127 和图 7.128 所示。

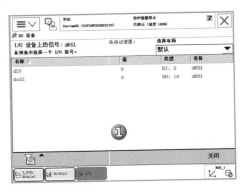

图 7.127　查看 do32 的值

图 7.128　查看 num_gkb 的值

调试例行程序"r_Return"，查看 do32 和 num_gkb 的值是否发生变化，如图 7.129 和图 7.130 所示。

通过此例可以得出结论：RETURN 指令适用于无返回值程序。

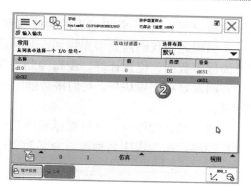

图 7.129　查看 do32 值的变化情况　　　　　　图 7.130　查看 num_gkb 值的变化情况

（2）有返回值（与功能函数配合使用）。

FUNC num abs_value（num value）

IF value<0 THEN

RETURN -value;

ELSE

RETURN value;

ENDIF

ENDFUNC

上述语句表示函数返回某一数字的绝对值。

2）指令组成

典型的 RETURN 指令如下：

RETURN [Return value]

Return value 的数据类型需要符合函数声明，必须通过函数中的 RETURN 指令，指定返回值。如果 RETURN 指令存在于无返回值程序或软中断程序中，则不得指定返回值。

3）程序执行

根据在以下方面使用的程序的类型，RETURN 指令的结果可能有所不同。

● 主程序：如果程序拥有执行模式单循环，则停止程序；否则，通过主程序的第一个指令继续执行程序。

● 无返回值程序：通过过程调用后的指令继续执行程序。

● 函数：返回函数的值。

● 软中断程序：从出现中断的位置开始继续执行程序。

至此，常用 RAPID 程序指令与功能已介绍完毕，在此基础上可以编写一个完整的程序了。

7.4　编制一个基本程序的步骤

在上文中我们已经了解了 RAPID 程序编程的相关操作和基本指令。现在我们通过一些实例体验一下 ABB 工业机器人的快捷编程。

在编程之前我们需要事先规划，确定需要多少个程序模块。我们可以根据功能将程序模块分为程序数据、位置计算、逻辑控制等模块，方便管理，如图 7.131 所示。

在确定好程序模块后，我们接着确定每个模块需要建立的例行程序清单，从而方便调用和管理。

在建立例行程序时，最好根据程序功能赋予程序名称。例如，建立"IF"的条件逻辑判断例行程序，那么程序名称可以命名为"r_IF"，这样便于识别，如图 7.132 所示。

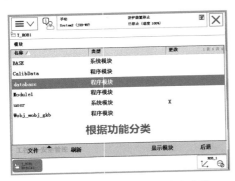
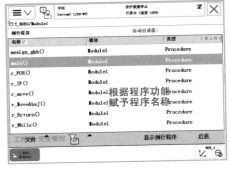

图 7.131 根据功能将程序模块分类　　　　图 7.132 根据程序功能赋予程序名称

建立程序模块和例行程序的具体步骤可见 7.3 节。本节介绍 ABB 工业机器人的官方程序模板，主要可分为以下 3 部分。

（1）版本、语言介绍和程序数据存放，如图 7.133 所示。

图 7.133 版本、语言介绍和程序数据存放

（2）主程序模块，如图 7.134 所示。

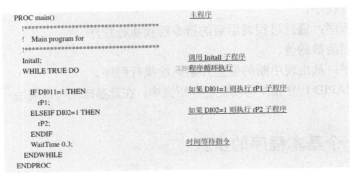

图 7.134 主程序模块

对图 7.134 中的主程序模块有以下几点说明：

● 在程序开始运行后首先进入初始化程序进行相关设置；

● 接着进入 WHILE 的死循环，目的是将初始化程序隔离；

● 若满足 DI01=1，则机器人执行对应的路径程序 "rP1"；

● 若满足 DI02=1，则机器人执行对应的路径程序 "rP2"；

● 系统等待 0.3 s 的目的是防止 CPU 过载。

（3）例行程序分解，如图 7.135～图 7.138 所示。

```
PROC Initall()                          子程序，用于初始化所有数据和状态
    AccSet 100,100;                     加速度设定指令
    VelSet 100, 2000;                   速度设定指令
    rCheckHOMEPos;                      调用 rCheckHOMEPos 子程序


ENDPROC
```

图 7.135 例行程序分解（一）

```
PROC rCheckHOMEPos()                    子程序，用于判断机器人是否在等待位置
    IF NOT CurrentPos(pHome,tool0) THEN
        TPErase;
        TPWrite "Robot is not in the Wait-Position";
        TPWrite "Please jog the robot around the Wait position in manual";
        TPWrite "And execute the aHome routine.";
        WaitTime 0.5;
        EXIT;
    ENDIF
ENDPROC
```

图 7.136 例行程序分解（二）

```
PROC aHome()                           子程序：机器人回等待位置

    MoveJ pHome, v30, fine, tool0;

ENDPROC
```

图 7.137 例行程序分解（三）

```
PROC rP1()                             子程序，存放工作轨迹指令

    !Insert the moving routine to here

ENDPROC

PROC rP2()                             子程序，存放工作轨迹指令

    !Insert the moving routine to here

ENDPROC
```

图 7.138 例行程序分解（四）

7.5 RAPID 程序的调试

RAPID 程序的调试分为手动和自动两种。

（1）手动模式下程序的调试步骤如图 7.139 所示。

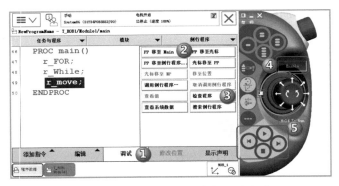

图 7.139　手动模式下程序的调试步骤

使能器上电，电机处于"开启"状态，按下"执行"按钮或"单步向前"、"单步向后"按钮，程序开始运行。

调试初期，最好使用"单步向前"逐句调试，待每一行程序都调试完毕无问题后再整段执行。

注：检查程序只能检查程序的逻辑关系是否正确。

（2）自动模式下程序的调试。

需要注意的是，当选择自动模式时，机器人的运行速度会非常快，人需要离开机器人的工作范围。

在手动模式下调试程序一切正常后，便可以将运动模式调至自动模式进行测试了，具体操作步骤如下：

① 将钥匙旋转至左侧"自动挡"，如图 7.141 所示；

② 在示教器上再次确认并单击"PP 移至 Main"按钮，如图 7.142～图 7.144 所示；

图 7.140　插入钥匙

图 7.141　将钥匙旋转至左侧"自动挡"

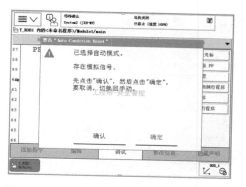

图 7.142　在示教器上确认已选择自动模式

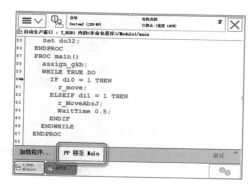

图 7.143　单击"PP 移至 Main"按钮

③ 在控制柜左控制面板上按下白色按钮上电，如图 7.145 和图 7.146 所示；

④ 按下播放键，程序开始自动运行，如图 7.147 所示；

图 7.144　单击"是"按钮

图 7.145　按下白色按钮上电

图 7.146　白色按钮在示教器上方位置

图 7.147　按下播放键使程序自动运行

7.6　位置功能、中断指令的应用

7.6.1　位置功能指令

本节介绍常用的位置功能指令，如图 7.148 所示。

图 7.148　位置功能指令

1．位置功能指令 1（CalcRobT）

CalcRobT（Calculate Robot Target）指令可用来根据接头的位置数据（jointtarget）来计算机器人的位置数据（robtarget）。

该指令函数返回 robtarget 的值、位置（x, y, z）、方位（q_1, …, q_4）、机械臂轴配置和外轴位置等数据。

举例

VAR　robtarget　p20;

CONST　jointtarget　jpos_gkb1508 := [...];

p20 := CalcRobT（jpos_gkb1508, tool0）;

上述语句表示将 jointtarget 的值转换为 robtarget 的值并储存在 p20 中。

2．位置功能指令 2（CrobT）

CRobT（Current Robot Target）指令用于读取机械臂和外轴的当前位置。该指令函数返回 robtarget 的值、位置（x, y, z）、方位（q_1, …, q_4）、机械臂轴配置和外轴位置等数据。

1）举例

VAR robtarget Phome;

Phome := CRobT（\Tool:=tool1 \WObj:=wobj0）;

上述语句表示将机械臂和外轴的当前位置储存在 Phome 中。工具变量 tool1 和工件变量 wobj0 用于计算位置。

2）指令组成

典型的 CRobT 指令如下：

CRobT（[\TaskRef]|[\TaskName] [\Tool] [\WObj]）

该指令由 4 部分构成：

- [\TaskRef]（Task Reference）。[\TaskRef]的数据类型为 taskid，对于系统中的所有程序任务，数据类型为 taskid 的预定义变量将有效。
- [\TaskName]。数据类型为 string，应当由程序任务名称读取 robtarget 的值。如果未指定自变量 TaskRef 或 TaskName，则使用当前任务。

- [\Tool]。数据类型为 tooldata，表示用于计算当前机械臂位置的工具的永久变量。如果省略该参数，则使用当前的有效工具。
- [\WObj]。数据类型为 wobjdata，表示同函数所返回的与当前机械臂位置相关的工件（坐标系）的永久变量。如果省略该参数，则使用当前的有效工件。

3. 位置功能指令 3（MirPos）

MirPos（Mirror Position）用于镜像某一处机器人位置。

1）举例

```
CONST robtarget p1:= [...];
VAR robtarget p2;
PERS wobjdata mirror:= [...];
p2 := MirPos（p1, mirror）;
```

p1 为某一处机器人位置，p1 储存了机械臂的一处位置以及工具的一个方位。通过与世界坐标系相关的镜像所定义的坐标系的 *X-Y* 平面镜像出该位置，结果为新的机器人位置数据，将其储存在 p2 中。

2）指令组成

典型的 MirPos 指令如下：

MirPos（Point MirrorPlane [\WObj] [\MirY]）

该指令由 3 部分构成：

- Point。数据类型为 robtarget，表示输入机械臂位置。该位置决定了工具坐标系的当前方位。
- Mirror Plane。数据类型为 wobjdata，用于定义镜像参考面的工件数据。
- [\WObj]（Work Object）。数据类型为 wobjdata，用于定义工件坐标系和用户坐标系的工件数据。
- [\MirY]（Mirror Y）。数据类型为 switch，如果默认省去该开关，则将通过 *X* 轴和 *Z* 轴来反映工具坐标系；如果指定该开关，则将通过 *Y* 轴和 *X* 轴来反映工具坐标系。

4. 位置功能指令 4（Offs）

Offs 指令用于在一个机械臂位置的工件坐标系中添加一个偏移量。

1）举例

```
MoveL Offs（p2, 0, 0, 10）, v1000, z50, tool1
```
上述语句表示以 p2 为参考点，沿 p2 的 *Z* 轴方向偏移 10 mm 的一个点。
```
p1 := Offs （p1, 5, 10, 15）
```
根据上述语句，p1 的新位置是沿当前 p1 点的 *X* 轴方向移动 5 mm，沿 *Y* 轴方向移动 10 mm，沿 *Z* 轴方向移动 15 mm。

2）指令组成

典型的 Offs 指令如下：

Offs （Point XOffset YOffset ZOffset）

该指令由 4 部分构成：

- Point。数据类型为 robtarget，表示有待移动的位置数据。
- XOFFset。数据类型为 num，表示工件坐标系中 X 轴方向的位移。
- YOFFset。数据类型为 num，表示工件坐标系中 Y 轴方向的位移。
- ZOFFset。数据类型为 num，表示工件坐标系中 Z 轴方向的位移。

5. 位置功能指令 5（ORobT）

ORobT（Object Robot Target）指令用于将一个机械臂位置从程序位移坐标系转换至工件坐标系，也用于移除外轴的偏移量。

1）举例

VAR robtarget p60;

VAR robtarget p70;

VAR num wobj_gkb;

P60 := CRobT（\Tool:=tool1 \WObj:=wobj_gkb）;

P70 := ORobT（p60）;

上述语句表示将机械臂和外轴的当前位置储存在 p60 和 p70 中。

2）指令组成

典型的 ORobT 指令如下：

ORobT（OriginalPoint [\InPDisp] | [\InEOffs]）

该指令由 3 部分构成：

- OriginalPoint。数据类型为 robtarget，表示有待转换的原点。
- [\InPDisp]（In Program Displacement）。[\InPDisp]的数据类型为 switch，表示返回坐标系中的 TCP 位置，即仅移除外轴偏移量。
- [\InEOffs]（In External Offset）。[\InEOffs]的数据类型为 switch，表示返回偏移量坐标系中的外轴，即仅移除有关机械臂的程序位移。

6. 位置功能指令 6（RelTool）

RelTool（Relative Tool）指令用于将通过有效工具坐标系表达的位移和/或旋转增加至机械臂位置。

1）举例

MoveL RelTool（p1, 0, 0, 100）, v100, fine, tool1

上述语句表示沿 p1 点的 Z 轴方向 100 mm 的一处位置。

MoveL RelTool（p1, 0, 0, 0 \Rz:= 25）, v100, fine, tool1

上述语句表示将工具围绕其 Z 轴旋转 25°。

2）指令组成

典型的 RelTool 指令如下：

RelTool（Point Dx Dy Dz [\Rx] [\Ry] [\Rz]）

该指令由 7 部分构成：

- Point。数据类型为 robtarget，表示机械臂当前位置

- Dx。数据类型为 num，表示工具坐标系 X 轴方向的位移，以 mm 为单位。
- Dy。数据类型为 num，表示工具坐标系 Y 轴方向的位移，以 mm 为单位。
- Dz。数据类型为 num，表示工具坐标系 Z 轴方向的位移，以 mm 为单位。
- [\Rx]。数据类型为 num，表示围绕工具坐标系 X 轴的旋转，以°为单位。
- [\Ry]。数据类型为 num，表示围绕工具坐标系 Y 轴的旋转，以°为单位。
- [\Rz]。数据类型为 num，表示围绕工具坐标系 Z 轴的旋转。以°为单位。

7.6.2　中断指令

1．中断定义

在 RAPID 程序执行过程中如出现需要紧急处理的情况，机器人会停止当前的操作，程序指针（PP）会立刻跳转至专用的程序中对出现的紧急情况进行处理，处理结束后程序指针再次返回到原来中断的地方，继续向下执行原程序。这种用来处理紧急情况的专用程序被称为中断程序（TRAP）。

中断是程序定义事件，通过中断编号进行识别，当中断条件为真（"True"）时触发中断。中断会导致正常程序执行过程暂停，跳过控制并进入软中断程序。

2．编程原理

软中断程序提供了一种中断处理方式，可用 CONNECT 指令将软中断程序与特定中断相连。当发生中断时，立即将控制符传到相应的软中断程序。若此时没有任何可连接的软中断程序，则将中断当作一个严重错误（导致程序执行立即终止）来处理。

同一软中断程序可连接多个中断。系统变量 INTNO 包含中断次数，可供软中断程序用来识别中断。在采取必要行动后，可用 RETURN 指令结束软中断程序，也可等到软中断程序结尾（ENDTRAP 或 ERROR）处自然结束软中断程序。随后，程序将从中断处继续执行。

3．中断指令集

连接中断与软中断程序的指令见表 7.5。

表 7.5　连接中断与软中断程序的指令

指　令	用　途
CONNECT	连接中断与软中断程序

下达中断命令的指令见表 7.6

表 7.6　下达中断命令的指令

指　令	用　途	指　令	用　途
ISigna1DI	中断数字信号输入信号	ITimer	定时中断
ISigna1DO	中断数字信号输出信号	TriggInt	固定位置中断（运动拾取列表）
ISigna1GI	中断一组数字信号输入信号	IPers	变更永久数据对象时中断
ISigna1GO	中断一组数字信号输出信号	IError	出现错误时下达中断指令并启用中断
ISigna1AI	中断模拟信号输入信号	IRMQMessage[①]	RAPID 语言消息队列收到指定数据类型时中断
ISigna1AO	中断模拟信号输出信号		

注：① 只有当机械臂具备功能 FlexPendant Interface、PC Interface 或 Multitasking 时才会下达中断命令。

取消中断的指令见表7.7。

表7.7 取消中断的指令

指 令	用 途
IDelete	取消（删除）中断

启用/禁用中断的指令见表7.8。

表7.8 启用/禁用中断的指令

指 令	用 途	指 令	用 途
ISleep	使个别中断失效	IDisable	禁用所有中断
IWatch	使个别中断生效	IEnable	启用所有中断

中断数据见表7.9。

表7.9 中断数据

中 断 数 据	用 途
GetTrapData	用于软中断程序，以获取导致软中断程序被执行的中断的所有信息
ReadErrData	用于软中断程序，以获取导致软中断程序被执行的错误、状态变化或警告的数值信息（域、类型和编号）

中断的数据类型见表7.10。

表7.10 中断数据的类型

数 据 类 型	用 途	数 据 类 型	用 途
intnum	确定中断的识别号	errdomain	出现错误时下达中断指令并启用中断
trapdata	包含导致当前软中断程序被执行的中断数据	errdomain	指定错误域
errtype	指定错误类型（严重性）		

4．案例

假设这样的场景：当出现中断时，TCP离开原路径加工点，移动至服务位置，弄清楚问题后再次回到原加工点。设置中断指令的步骤如下：

① 新建一个中断类型的例行程序"T1"，如图7.149所示。

② 进入中断程序，单击"添加指令"按钮，将指令菜单切换为"Motion Adv."，如图7.150所示。

图7.149 新建一个中断类型的例行程序

图7.150 将指令菜单切换为"Motion Adv."

③ 在中断例行程序中添加需要运行的指令，如图 7.151 所示。

④ 新建一个触发中断的例行程序"r_IT1"，如图 7.152 所示。

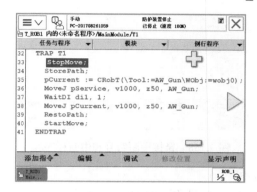

图 7.151　在中断例行程序中添加需要运行的指令

图 7.152　新建触发中断的例行程序"r_IT1"

⑤ 进入程序，单击"添加指令"按钮，将指令菜单切换为"Interrupts"，如图 7.153 所示。

⑥ 添加一条 IDelete 指令，如图 7.154 所示。

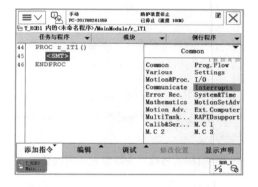

图 7.153　将指令菜单切换为"Interrupts"

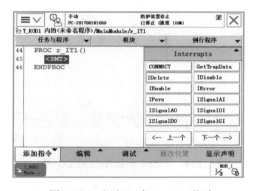

图 7.154　添加一条 IDelete 指令

⑦ 新建一个中断识别号，如图 7.155 所示。

⑧ 对新建的中断识别号进行重命名，其余使用默认值，如图 7.156 所示。

图 7.155　新建一个中断识别号

图 7.156　对新建的中断识别号进行重命名

⑨ 添加 CONNECT 指令，用于链接中断符号和中断程序，如图 7.157 和图 7.158 所示。

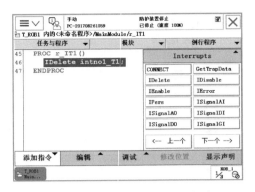

图 7.157　添加 CONNECT 指令

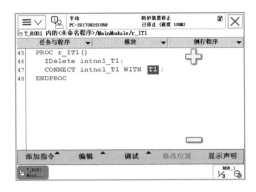

图 7.158　链接中断符号和中断程序

⑩ 添加中断程序的触发信号，如图 7.159 所示。

⑪ 修改"中断触发响应次数"，如图 7.160 所示（如果 ISignalDI 在一个运行周期内只使用一次，则不需要取消"Single"变量）。

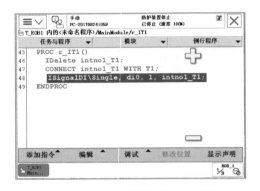

图 7.159　添加中断程序的触发信号

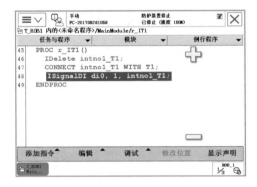

图 7.160　修改"中断触发响应次数"

⑫ 新建一个"r_Move"例行程序，运行任意一些轨迹，用于仿真正常执行程序机械臂移动的情况，如图 7.161 所示。

⑬ 回到主程序进行编程，将触发中断的程序放在 WHILE 循环体前，如图 7.162 所示。

图 7.161　新建一个"r_Move"例行程序

图 7.162　将触发中断的程序放在 WHILE 循环体前

⑭ 最后调试程序，在主程序运行期间强制仿真，将 di0 置 1 再置 0 一下，如图 7.163 和图 7.164 所示。当 di0 被强制置为"1"时，可以观察到机器人 TCP 立刻暂停当前的运动，

并运动至 pService 点，运动完成后会一直等待，直到 di1 置 1 时才会返回至中断停止点处并继续运行程序。

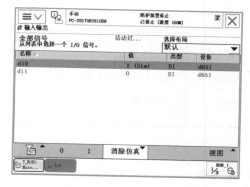

图 7.163　将 di0 置 1

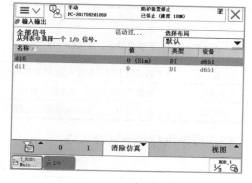

图 7.164　将 di0 置 0

注：若在本案例中使用了 StopMove 指令，机器人 TCP 会立即停止运动；否则，机器人 TCP 会继续运动至实际移动指令中的 ToPoint 处。

7.7　RAPID 编程总结

RAPID 编程相关内容可总结如下：

（1）RAPID 的程序架构说明。

（2）建立程序模块和例行程序的步骤。

（3）掌握常用机器人运动指令（MoveJ、MoveL、MoveC、MoveAbsJ）。

（4）掌握常用机器人 I/O 控制指令（Set/Reset、WaitDI/WaitDO/WaitUntil）。

（5）掌握常用机器人条件逻辑判断指令（Compact IF、IF、FOR、WHILE）。

（6）掌握手动、自动模式下的程序调试。

（7）熟悉 ABB 工业机器人 RAPID 程序的标准模板。

（8）掌握位置功能指令的运用。

（9）掌握中断程序的编写。

7.8　RAPID 程序指令与功能集

1．程序执行的控制

常见的程序调用指令见表 7.11。

表 7.11　程序调用指令

指　　令	用　　途
ProcCall	调用例行程序
CallByVar	通过带变量的例行程序名称调用例行程序
RETURN	返回原例行程序

例行程序内的逻辑控制指令见表 7.12。

表 7.12 例行程序内的逻辑控制指令

指　令	用　途	指　令	用　途
Compact IF	若条件满足，就执行一条指令	TEST	对一个变量进行判断，根据不同的结果执行不同的程序
IF	当满足不同的条件时，执行对应的程序	GOTO	跳转至例行程序内标签的位置
FOR	根据指定的次数，重复执行对应的程序	Label	跳转标签
WHILE	若条件满足，重复执行对应的程序		

停止程序执行指令见表 7.13。

表 7.13 停止程序执行指令

指　令	用　途
Stop	停止程序执行
EXIT	停止程序执行并禁止在停止处再开始
Break	临时停止程序的执行，用于手动调试
SystemStopAction	停止程序与机器人运动
ExitCycle	中止当前程序的运行并将程序指针（PP）复位到主程序的第一条指令。如果选择了程序连续运行模式，程序将从主程序的第一句开始重新执行

2．变量指令

赋值指令见表 7.14。

表 7.14 赋值指令

指　令	用　途
:=	对程序数据进行赋值

等待指令见表 7.15。

表 7.15 等待指令

指　令	用　途	指　令	用　途
WaitTime	等待一个指定的时间，程序再向下执行	WaitDI	等待一个输入信号状态变为设定值
WaitUntil	等待一个条件满足后，程序继续向下执行	WaitDO	等待一个输出信号状态变为设定值

程序注释指令见表 7.16。

表 7.16 程序注释指令

指　令	用　途
comment	对程序进行注释

程序模块加载/卸载指令见表 7.17。

表 7.17 程序模块加载/卸载指令

指　令	用　途	指　令	用　途
Load	从机器人硬盘加载一个程序模块到运行内存中	UnLoad	从运行内存中卸载一个程序模块

续表

指　　令	用　　途	指　　令	用　　途
Start Load	在程序的执行过程中加载一个程序模块到运行内存中	CheekProgRef	检查程序引用
Wait Load	在使用 Start Load 后，通过此指令将程序模块连接到任务中使用	Save	保存程序模块
CancelLoad	取消加载程序模块	EraseModule	从运行内存中删除程序模块

变量功能指令见表 7.18。

表 7.18　变量功能指令

指　　令	用　　途	指　　令	用　　途
TryInt	判断数据是否是有效整数	Dim	读取一个数组的维数
OpMode	读取当前机器人的操作模式	Present	读取带参数例行程序的可选参数值
RunMode	读取当前机器人程序的运行模式	IsPers	判断一个参数是不是可变量
NonMotionMode	读取程序任务当前是否处于运动的执行模式	IsVar	判断一个参数是不是变量

转换功能指令见表 7.19。

表 7.19　转换功能指令

指　　令	用　　途
StrToByte	将字符串转换为指定格式的字节数据
ByteToStr	将字节数据转换成字符串

3. 运动设定

速度设定指令见表 7.20。

表 7.20　速度设定指令

指　　令	用　　途	指　　令	用　　途
MaxRobSpeed	获取当前机器人可实现的最大 TCP 速度	AccSet	定义机器人的加速度
VelSet	设定机器人运动的最大速度和倍率	WorldAccLim	设定大地坐标中工具与载荷的加速度
SpeedRefresh	更新当前运动的速度和倍率	PathAccLim	设定运动路径中 TCP 的加速度

轴配置控制指令见表 7.21。

表 7.21　轴配置控制指令

指　　令	用　　途
ConfJ	关节运动的轴配置控制
ConfL	线性运动的轴配置控制

奇异点管理指令见表 7.22。

表 7.22　奇异点管理指令

指　　令	用　　途
SingArea	设定机器人运动时在奇异点的插补方式

位置偏置功能指令见表 7.23。

表 7.23　位置偏置功能指令

指　令	用　途	指　令	用　途
PDispOn	激活位置偏置	EOffsOff	关闭外轴位置偏置
PDispSet	激活指定数值的位置偏置	DefDFrame	通过 3 个位置数据计算出位置偏置
PDispOff	关闭位置偏置	DefFrame	通过 6 个位置数据计算出位置偏置
EOffsOn	激活外轴位置偏置	ORobT	以一个位置数据删除位置偏置
EOffsSet	激活指定数值的外轴位置偏置	DefAccFrame	以原始位置和替换位置定义一个框架

软伺服功能指令见表 7.24。

表 7.24　软伺服功能指令

指　令	用　途
SoftAct	激活一个或多个轴的软伺服功能
SoftDeact	关闭软伺服功能

机器人参数调整功能指令见表 7.25。

表 7.25　机器人参数调整功能指令

指　令	用　途	指　令	用　途
TuneServo	伺服调整	PathResol	几何路径精度调整
TuneReset	伺服调整复位	CirPathMode	在圈弧插补运动时变换工具姿态

空间监控管理指令见表 7.26。

表 7.26　空间监控管理指令

指　令	用　途	指　令	用　途
WZBoxDef	定义一个方形的监控空间	WZLimSup	激活一个监控空间并限定为不可进入
WZCylDef	定义一个圆柱形的监控空间	WZDOSet	激活一个监控空间并与一个输出信号关联
WZSphDcf	定义一个球形的监控空间	WZEnablc	激活一个临时的监控空间
WZHomeJointDcf	定义一个关节轴坐标的监控空间	WZFree	关闭一个临时的监控空间
WZLimJointDef	定义一个限定为不可进入的关节轴坐标的监控空间		

注： 实现上述功能需要安装功能包"World zones"。

4．运动控制

机器人运动控制指令见表 7.27。

表 7.27　机器人运动控制指令

指　令	用　途	指　令	用　途
MoveC	TCP 做圆弧运动	MoveJDO	TCP 做关节运动的同时触发一个输出信号
MoveJ	TCP 做关节运动	MoveLDO	TCP 做线性运动的同时触发一个输出信号
MoveL	TCP 做线性运动	MoveCSync	TCP 做圆弧运动的同时执行一个例行程序
MoveAbsJ	轴做绝对位置运动	MoveJSync	TCP 做关节运动的同时执行一个例行程序
MoveExtJ	外部轴做直线和旋转运动	MoveLSync	TCP 做线性运动的同时执行一个例行程序
MoveCDO	TCP 做圆弧运动的同时触发一个输出信号		

搜索功能指令见表 7.28。

表 7.28　搜索功能指令

指　　令	用　　途
ScarchC	TCP 做圆弧搜索运动
ScarchL	TCP 做线性搜索运动
ScarchFxtJ	外轴做搜索运动

指定位置触发信号与中断功能指令见表 7.29。

表 7.29　指定位置触发信号与中断功能指令

指　　令	用　　途
TrigglO	定义触发条件为在一个指定的位置触发输出信号
TriggInt	定义触发条件为在一个指定的位置触发中断程序
TriggChecklO	定义触发条件为在一个指定的位置进行 I/O 状态的检查
TriggEquip	定义触发条件为在一个指定的位置触发输出信号，并对信号响应的延迟做补偿设定
TriggRampAO	定义触发条件为在一个指定的位置触发模拟输出信号，并对信号响应的延迟做补偿设定
TriggC	带触发事件的圆弧运动
TriggJ	带触发事件的关节运动
TriggL	带触发事件的线性运动
TriggLIOs	在机械臂线性移动时固定位置处设置输出信号
StepBwdPath	在 RESTART 的事件程序中完成路径的返回
TriggStopProc	在系统中创建一个监控空间，用于处理 STOP 和 QSTOP 中需要信号复位和程序数据复位的操作
TriggSpeed	定义模拟输出信号与实际 TCP 速度之间的配合

出错或中断时的运动控制指令见表 7.30。

表 7.30　出错或中断时的运动控制指令

指　　令	用　　途	指　　令	用　　途
StopMove	停止机器人运动	ClearPath	在当前的运动路径级别中清空整个运动路径
StartMove	重新启动机器人运动	PathLevel	获取当前路径级别
StarlMoveRetry	重新启动机器人运动及相关参数的设定	SyncMoveSuspend	在 StorePath 的路径级别中暂停同步坐标的运动
StopMoveReset	对停止运动状态的机器人进行复位，但不重新启动机器人运动	SyncMoveResume	在 StorePath 的路径级别中重返同步坐标的运动
StorePath	储存已生成的最近路径	IsStopMoveAct	获取当前停止运动的标志符
RestoPath	重新生成之前储存的路径		

外轴的控制指令见表 7.31。

表 7.31　外轴的控制指令

指　　令	用　　途	指　　令	用　　途
DeactUnit	关闭一个外轴单元	GetNextMechUnit	获取有关机械单元的名称和数据
ActUnit	激活一个外轴单元	IsMechUnitActive	检查一个外轴单元的状态是关闭还是激活
MechUnitLoad	确定机械单元的有效负载		

独立轴控制指令见表 7.32。

表 7.32　独立轴控制指令

指　　令	用　　途	指　　令	用　　途
IndAMove	将轴设定为独立轴模式并进行绝对位置方式运动	IndReset	取消独立轴模式
IndCMove	将轴设定为独立轴模式并进行连续方式运动	IndInpos	检查独立轴是否到达指定位置
IndDMove	将轴设定为独立轴模式并进行角度方式运动	IndSpeed	检查独立轴是否达到指定的速度
IndRMove	将轴设定为独立轴模式并进行相对位置方式运动		

注：实现上述功能需要安装功能包"Independent movement"。

路径修正功能指令见表 7.33。

表 7.33　路径修正功能指令

指　　令	用　　途	指　　令	用　　途
CorrCon	连接一路径修正生成器	CorrClear	取消所有已连接的路径修正生成器
CorrWrite	将路径坐标系统中的修正值写到路径修正生成器中	CorrRead	读取所有已连接的路径修正生成器的总修正值。
CorrDiscon	断开一个已连接的路径修正生成器		

注：实现上述功能需要安装功能包"Path offset or RobotWare-Arc sensor"。

路径记录功能指令见表 7.34。

表 7.34　路径记录功能指令

指　　令	用　　途	指　　令	用　　途
PathRecStart	开始记录机器人的路径	PathRecMoveFwd	将机械臂移动回执行 PathRecMove-Bwd 的位置
PathRecStop	停止记录机器人的路径	PathRecValidBwd	检查路径记录器是否已启用并检查所记录的后退路径是否有效
PathRecMoveBwd	机器人根据记录的路径做后退运动	PathRecValidFwd	检查路径记录器是否可用于向前移动

注：实现上述功能需要安装功能包"Path recovery"。

输送链跟踪功能指令见表 7.35。

表 7.35　输送链跟踪功能指令

指　　令	用　　途
WaitWObj	连接至传送带机械单元启动窗口中的一个工件
DropWObj	与当前工件断开，且针对传送带上的下一个工件的程序已经就绪

注：实现上述功能需要安装功能包" Conveyor tracking "。

传感器同步功能指令见表 7.36。

表 7.36　传感器同步功能指令

指　　令	用　　途
WaitSensor	连接至传感器机械单元启动窗口中的一个对象
SyncToSensor	启动或停止机械臂与传感器的同步移动
DropSensor	与当前工件断开，且针对下一个工件的程序已经就绪

注：实现上述功能需要安装功能包"Sensor synchronization"。

有效载荷与碰撞监测指令见表 7.37。

表 7.37　有效载荷与碰撞监测指令

指　　令	用　　途
MotionSup	禁用/启用运动监控
LoadId	工具或有效负载的负载识别
ManLoadid	外机械臂有效负载的负载识别

注：实现上述功能需要安装功能包"Collision detection"。

关于位置的功能指令见表 7.38。

表 7.38　关于位置的功能指令

功　　能	用　　途	功　　能	用　　途
Offs	对机器人位置进行偏移	CTool	读取工具坐标当前的数据
RelTool	对工具的位置和姿态进行偏移	CWOhj	读取工件坐标当前的数据
CalcRobT	由 jointtarget 计算出 robtarget	MirPos	镜像一个位置
CPos	读取机器人当前的 X、Y、Z 的值	CalcJointT	由 robtarget 计算出 jointtarget
CRobT	读取机器人当前的 robtarget 的值	Distance	计算两个位置的距离
CJointT	读取机器人当前的 jointtarget 的值	PFRestart	检查路径是否已在电源故障时中断
ReadMotor	读取轴电动机当前的角度	CSpeedOverride	读取由来自 FlexPendant 示教器的运算符所设置的速度倍率

5．输入/输出信号的处理

设定输入/输出信号值的指令见表 7.39。

表 7.39　设定输入/输出信号值的指令

指　　令	用　　途	指　　令	用　　途
InvertDO	对一个数字输出信号的值置反	SetAO	设定模拟输出信号的值
PulseDO	对数字输出信号进行脉冲输出	SetDO	设定数字输出信号的值
Reset	将数字输出信号置为 0	SetGO	设定组输出信号的值
Set	将数字输出信号置为 1		

读取输入/输出信号值的指令见表 7.40。

表 7.40　读取输入/输出信号值的指令

指　　令	用　　途	指　　令	用　　途
AOutput	读取模拟输出信号的当前值	WaitDO	等待一个数字输出信号的指定状态
DOutput	读取数字输出信号的当前值	WaitGI	等待一个组输入信号的指定状态
GOutput	读取组输出信号的当前值	WaitGO	等待一个组输出信号的指定状态
Test DI	检查一个数字输入信号是否已置 1	WaitAI	等待一个模拟输入信号的指定状态
ValidIO	检查 I/O 信号是否有效	WaitAO	等待一个模拟输出信号的指定状态
WaitDI	等待一个数字输入信号的指定状态		

I/O 模块的控制指令见表 7.41。

表 7.41　I/O 模块的控制指令

指　　令	用　　途
IODisable	关闭一个 I/O 模块
IOEnable	开启一个 I/O 模块

6. 通信功能

示教器上人机界面的功能指令见表 7.42。

表 7.42　示教器上人机界面的功能指令

指　　令	用　　途	指　　令	用　　途
TPErase	清屏	TPReadFK	互动的功能键操作
TPWrite	在示教器操作界面上写信息	TPReadNum	互动的数字键盘操作
ErrWrite	在示教器事件日志中写报警信息并储存	TPShow	通过 RAPID 程序打开指定的窗口

通过串口 U 盘进行读写的指令见表 7.43。

表 7.43　通过串口 U 盘进行读写的指令

指　　令	用　　途	指　　令	用　　途
Open	打开串口	ClearIOBuff	清空串口的输入缓冲
Write	对串口进行写操作	ReadAnyBin	从串口读取任意的二进制数
Close	关闭串口	ReadNum	读取数字量
WriteBin	写一个二进制数的操作	ReadStr	读取字符串
WriteAnyBin	写任意二进制数的操作	ReadBin	从二进制串口读取数据
WriteStrBin	写字符的操作	ReadStrBin	从二进制串口读取字符串
Rewind	设定文件开始的位置		

Socket 通信指令见表 7.44。

表 7.44 Socket 通信指令

指　令	用　途	指　令	用　途
SocketCreate	创建新的 socket	SocketReceive	从远程计算机接收数据
SocketConnect	连接远程计算机	SocketClose	关闭 socket
SocketSend	发送数据到远程计算机	SocketGetStatus	获取当前 socket 的状态

7. 中断程序

设定中断指令见表 7.45。

表 7.45 设定中断指令

指　令	用　途	指　令	用　途
CONNECT	连接一个中断符号到中断程序	ISignalAO	使用一个模拟输出信号触发中断
ISignalDI	使用一个数字输入信号触发中断	ITimer	计时中断
ISignalDO	使用一个数字输出信号触发中断	TriggInt	在一个指定的位置触发中断
ISignalGI	使用一个组输入信号触发中断	IPers	使用一个可变量触发中断
ISignalGO	使用一个组输出信号触发中断	IError	当一个错误发生时触发中断
ISignalAI	使用一个模拟输入信号触发中断	IDelete	取消中断

控制中断指令见表 7.46。

表 7.46 控制中断指令

指　令	用　途	指　令	用　途
ISleep	关闭一个中断	IDisable	关闭所有中断
IWatch	激活一个中断	IEnable	激活所有中断

8. 系统相关的指令

时间控制指令见表 7.47。

表 7.47 时间控制指令

指　令	用　途	指　令	用　途
ClkReset	计时器复位	Cdate	读取当前日期
ClkStart	计时器开始计时	Ctime	读取当前时间
ClkStop	计时器停止计时	GetTime	读取当前时间为数字型数据
ClkRead	读取计时器数值		

9. 数学运算

简单运算指令见表 7.48。

表 7.48 简单运算指令

指　令	用　途	指　令	用　途
Clear	清空数值	Incr	加 1 操作
Add	加操作	Decr	减 1 操作

算术功能指令见表 7.49。

表 7.49 算术功能指令

功　能	用　途	功　能	用　途
Abs	取绝对值	ATan	计算圆弧正切值（−90，90）
Round	四舍五入	ATan2	计算圆弧正切值（−180，180）
Trunc	舍位操作	Cos	计算余弦值
Sqrt	计算平方根	Sin	计算正弦值
Exp	计算指数值	Tan	计算正切值
Pow	计算任意底数的指数值	EulerZYX	由姿态计算欧拉角
ACos	计算圆弧余弦值	OrientZYX	由欧拉角计算姿态
ASin	计算圆弧正弦值		

知识点练习

独立思考，编制一个简单的 RAPID 程序并调试。

第 8 章

ABB 工业机器人的进阶功能介绍

【学习目标】
- 了解如何使用 RobotStudio 的在线功能。
- 了解 ABB 工业机器人使用手册的用法。

8.1 RobotStudio 在线功能介绍

1. 建立机器人控制柜与电脑的连接

机器人控制柜与电脑的连接步骤如图 8.1～图 8.8 所示。

图 8.1 找到 "Service PC" 通信口

图 8.2 将网线一端插入 "Service PC" 端

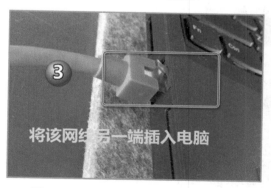

图 8.3 将该网线另一端插入电脑

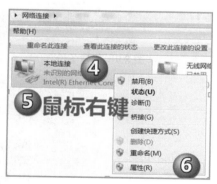

图 8.4 在 "本地连接" 中选择 "属性" 选项

图 8.5　设置"Internet 协议版本 4
（TCP/IPv4）"的属性

图 8.6　选择"自动获得 IP 地址（O）"和
"自动获得 DNS 服务器地址（B）"

图 8.7　添加控制器

图 8.8　选中机器人系统并单击"确定"按钮

至此，电脑和工业机器人的控制柜已经通过网线进行了连接。

2．对机器人系统进行备份

对机器人系统进行备份的步骤如图 8.9～图 8.11 所示。

图 8.9　创建备份

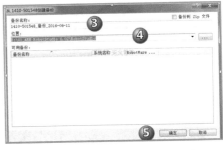

图 8.10　设置备份名称和位置

图 8.11　可对系统备份的相关文件进行编辑等操作

3．在线设定机器人系统参数

在线设定机器人系统参数的步骤如图 8.12～图 8.17 所示。

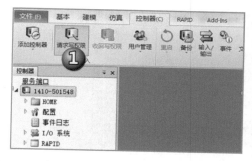

图 8.12　选择"请求写权限"

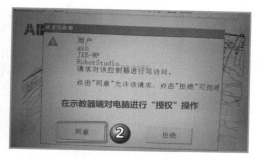

图 8.13　在示教器端对电脑进行"授权"操作

图 8.14　双击"I/O System"选项

图 8.15　选中任一信号进行新建

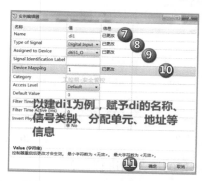

图 8.16　设置 di1 信号的名称、信号类别、分配单位、地址等信息

图 8.17　控制器重启后更改才会生效

4．在线进行 RAPID 编程

在线进行 RAPID 编程的步骤如图 8.18 所示。

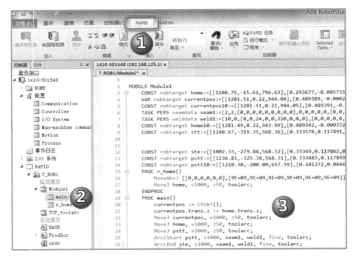

图 8.18　在线进行 RAPID 编程

5．对机器人系统的用户进行授权、编组等操作（慎重操作）

对机器人系统的用户进行授权、编组等操作的步骤如图 8.19～图 8.27 所示。

图 8.19　选择"编辑用户账户"

图 8.20　选择"用户"界面

以用户名和密码都为"gkb1508"为例进行设置。

图 8.21　设置用户和密码为"gkb1508"

图 8.22　对用户"gkb1508"进行分组设置

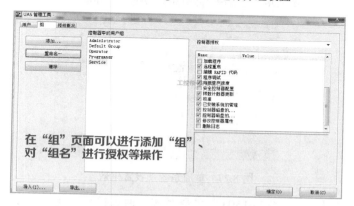

图 8.23　选择"组"界面

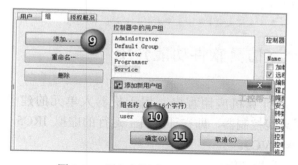

图 8.24　添加新用户组并设置名称

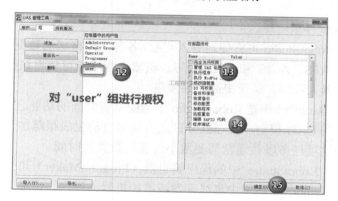

图 8.25　对"user"组进行授权

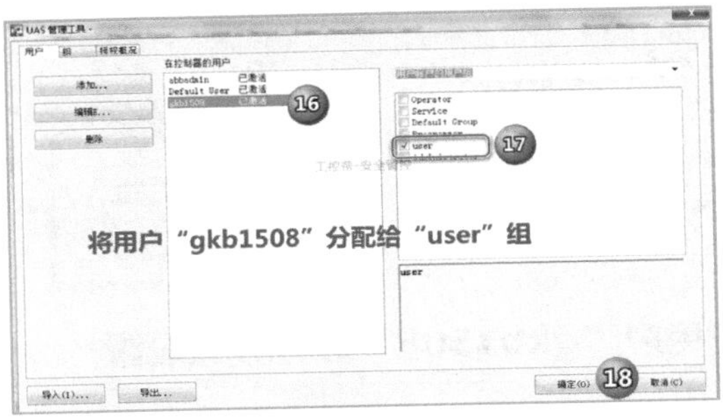

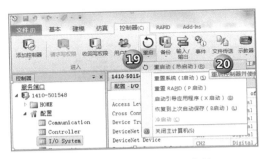

图 8.26 将用户"gkb1508"分配给"user"组

图 8.27 重启系统使设置生效

重启系统后，以用户名"gkb1508"登录系统，通过操作发现，只能进行"执行程序"和"程序调试"两项操作。

8.2 RobotStudio 仿真软件功能介绍

RobotStudio 是一款计算机应用程序，用于机器人单元的建模、离线创建和仿真。RobotStudio 允许使用离线控制器，即在计算机上运行的虚拟 IRC5 控制器。这种离线控制器也被称为虚拟控制器（VC）。

RobotStudio 有以下几种功能：

- 构建虚拟工作站、创建系统配置、设置 I/O 板、建立 I/O 信号等基础操作都可以在 RobotStudio 软件里实现。
- CAD 导入。RobotStudio 可方便地导入 CAD 各种主流格式的数据，包括 IGES、STEP、VRML、VDAFS、ACIS 和 CATIA 等。机器人程序员可依据这些精确的数据编制精度更高的机器人程序，从而提高产品质量。
- AutoPath™。AutoPath™是 RobotStudio 中最能节省时间的功能之一，该功能通过使用待加工零件的 CAD 模型，仅在数分钟之内便可自动生成跟踪加工曲线所需的机器人路径，而这项任务以往通常需要数小时甚至数天的时间。
- 程序编辑器。RobotStudio 中的程序编辑器（ProgramMaker）可生成机器人程序，使用户能够在 Windows 环境中离线开发或维护机器人程序，可显著缩短编程时间，改进程序结构。

- 路径优化。如果程序包含接近奇异点的机器人动作，RobotStudio 可自动检测出来并报警，从而防止机器人在实际运行中发生这种现象。仿真监视器是一种用于机器人运动优化的可视工具，红色线条显示可改进之处，以使机器人按照最有效方式运行。TCP 速度、加速度、奇异点或轴线等都可以进行优化，从而缩短周期时间。
- Autoreach™。Autoreach 可自动进行可到达性分析，使用十分方便，用户可通过该功能任意移动机器人或工件，直到所有位置均可到达。使用 Autoreach 功能，在数分钟之内便可完成工作单元平面布置验证和优化。
- 虚拟示教台。虚拟示教台是实际示教台的图形显示，其核心技术是 VirtualRobot。从本质上讲，所有可以在实际示教台上进行的工作都可以在虚拟示教台（QuickTeach™）上完成，因而是一种非常出色的教学和培训工具。
- 事件表。一种用于验证程序的结构与逻辑的理想工具。在程序执行期间，可通过该工具直接观察工作单元的 I/O 状态。可将 I/O 连接到仿真事件，实现工位内机器人及所有设备的仿真。该功能是一种十分理想的调试工具。
- 碰撞检测。碰撞检测功能可避免设备碰撞造成的严重损失。在选定检测对象后，RobotStudio 可自动监测并显示在程序执行时这些对象是否会发生碰撞。
- Visual Basic for Applications （VBA）。可采用 VBA 改进和扩充 RobotStudio 功能，根据用户具体需要开发功能强大的外接插件、宏，或定制用户界面。
- PowerPac's。ABB 协同合作伙伴采用 VBA 进行了一系列基于 RobotStudio 的应用开发，PowerPac's 就是 RobotStudio 的其中一款插件，能够使 RobotStudio 更好地适用于弧焊、弯板机管理、点焊、CalibWare（绝对精度）、叶片研磨以及 BendWizard（弯板机管理）等应用。
- 直接上传和下载。整个机器人程序无须任何转换便可直接下载到实际机器人系统中，该功能得益于 ABB 独有的 VirtualRobot 技术。

码垛工作站的模拟仿真如图 8.28 所示。

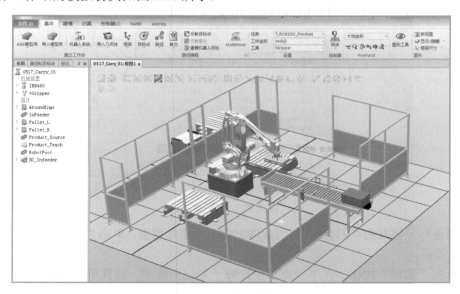

图 8.28　码垛工作站的模拟仿真

4 个工业机器人联动弧焊工作站的模拟仿真如图 8.29 所示。

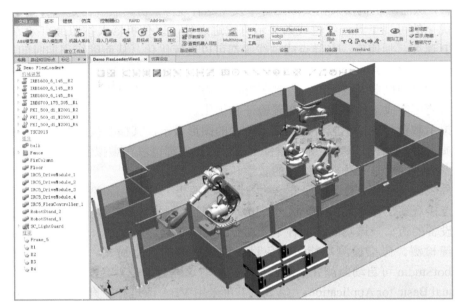

图 8.29　4 个工业机器人联动弧焊工作站的模拟仿真

8.3　示教器实用小技巧

8.3.1　复制粘贴参数

在有些场景中，需要大量地更改指令语句里的参数，十分耗费时间，而实际上参数是可以复制的，例如我们需要将图 8.30 程序语句中的 V1000 更改为 V2000，步骤如下。

图 8.30　程序语句

① 用鼠标左键双击"V1000"，选择"V2000"为速度数据，单击"确定"按钮，如图 8.31 和图 8.32 所示。

② 单击"编辑"按钮，在下拉菜单中选择"复制"选项，对其单项速度参数进行复制，如图 8.33 所示。

图 8.31　双击"V1000"

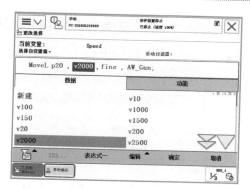

图 8.32　选择"V2000"为速度数据

③ 选择下一条"速度"参数，单击"编辑"按钮，在下拉菜单中单击"粘贴"选项，如图 8.34 所示。

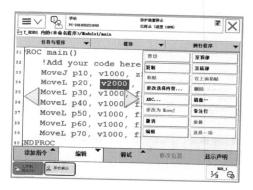

图 8.33　复制速度参数

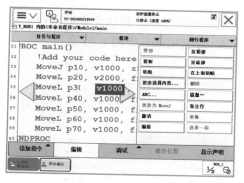

图 8.34　粘贴速度参数

④ 这样速度数据就已经复制粘贴了一条，下面的速度数据也可以一直粘贴下去，如图 8.35 和图 8.36 所示。

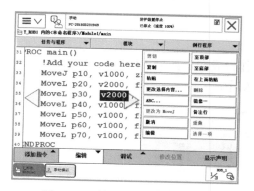

图 8.35　重复复制速度参数

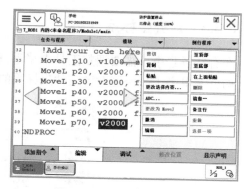

图 8.36　全部粘贴完成

8.3.2　复制例行程序

新建一个例行程序 rAbcd，复制该例行程序的步骤如下。

① 选择"例行程序"，如图 8.37 所示。

② 选择"文件"菜单中的"复制例行程序…",如图 8.38 所示。

图 8.37 选择"例行程序"

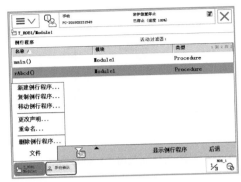

图 8.38 选择"文件"菜单中的"复制例行程序"

③ 确认名称（不要与其他例行程序重名），确认复制到哪个任务里（默认就一个任务），确认复制到的模块，确认无误后单击"确定"按钮。

④ 复制完成，如图 8.40 所示。

图 8.39 确认名称、复制到的任务和模块

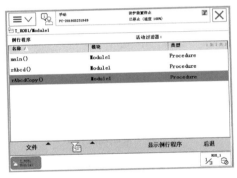

图 8.40 复制完成

8.3.3 对齐坐标系

在有些场景中，需要调整工具末端垂直于工作台表面，如果工作台表面有工件坐标系，这一切就简单多了，快速对齐工件坐标系的步骤如下。

图 8.41 需要对齐的工作台属性

① 在需要对齐的工作台（其属性见图 8.41）上建立一个工件坐标系，本例中工件坐标系建立在矩形体表面上，如图 8.42 所示。

② 选择"对准…"选项，如图 8.43 所示。

③ 将坐标选择为"工件坐标"，如图 8.44 所示。

④ 按下使能按钮，单击"开始对准"按钮，如图 8.45 所示，对准之后工具末端就会垂直于工作台表面了。

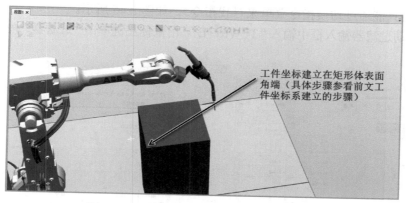

图 8.42　在需要对齐的工作台上建立坐标系

图 8.43　选择"对准…"

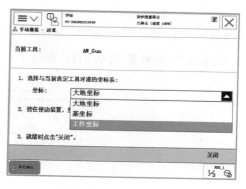

图 8.44　选择"工件坐标"

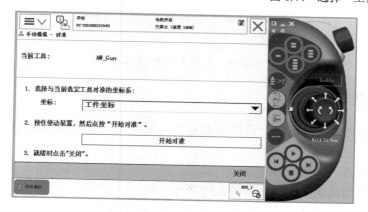

图 8.45　选择"开始对准"

8.3.4 快速查找指令

ABB 工业机器人的指令很多，有时需要切换菜单进行查找，十分烦琐，这时可以使用添加指令里的过滤功能，达到快速查找指令的目的。本节以添加一条 TPWRITE 指令为例进行演示，步骤如下。

① 单击"添加指令"按钮，选择指令菜单右上角的漏斗标识（有些旧版本没有，若没有漏斗标识则只能通过切换指令菜单来寻找指令），如图 8.46 所示。

② 在活动过滤器输入框中输入"TPWRITE"，用鼠标左键单击"过滤器"按钮，如图 8.47 所示。

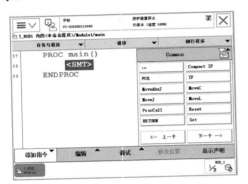

图 8.46　单击"添加指令"按钮，选择漏斗标识　　　图 8.47　在活动过滤器中输入"TPWRITE"

③ 此时便能看见 TPWRITE 指令了，单击即可完成添加，如图 8.48 所示。

图 8.48　添加 TPWRITE 指令

8.3.5 快速转到位置

在现场编程中有时需要确认已经示教过的点的位置，下面介绍快速转到位置的操作步骤。

① 选择目标点，如图 8.49 所示。

② 单击"手动操纵"按钮，如图 8.50 所示。

③ 确认机械单元活动工具、活动工件等信息后打开使能，选中目标点"p10"，单击"转到"按钮，如图 8.51 所示。

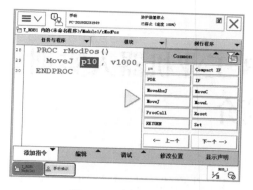

图 8.49 选择目标点

图 8.50 单击"手动操纵"按钮

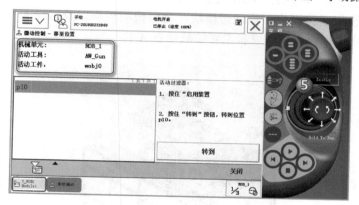

图 8.51 选中目标点"p10"并单击"转到"按钮

知识点练习

熟练掌握示教器实用小技巧。

附录 A　工控帮 ABB 工业机器人实训平台简介

工控帮 ABB 工业机器人实训平台是模拟工厂自动化生产线，用于教学 PLC 和机器人控制的教学平台。主要结构包括：ABB 机器人 IRB120、西门子 200SMART PLC、触摸屏模块、送料模块、模拟压铸模块、输送带模块、物料检测模块以及码垛和几何轨迹模具等，如图 A.1 所示，实训平台系统组成和主要参数见表 A.1。

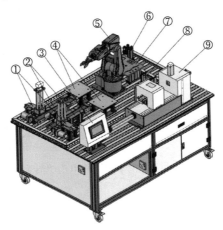

图 A.1　工控帮 ABB 工业机器人实训平台

表 A.1　实训平台系统组成和主要参数

系 统 组 成	主 要 参 数	
① 模拟卸料平台	输入电源	AC 220 V，50 Hz
② 传送带	气源要求	0.4～0.6 MPa
③ 触摸屏	工作负荷	≤2 kW
④ 模拟码垛平台		
⑤ IRB120 机器人	控制器输入端	FlexPendant 示教器
⑥ 气动二联件	设备重量	210 kg
⑦ 轨迹演示平台	安全措施	过载、短路、漏电保护等
⑧ 模拟质检装置	设备尺寸	L1600 mm×W1350 mm×H1700 mm
⑨ 模拟机加工设备		

1．设备特点

模块化设计，实训功能可由学员自主搭配，PLC 与机器人系统配合使用，实现生产过程的协调运作。

本设备可作为机器人操作技工、技师提升机器人操作技能的实训设备，包括机器人码垛、搬运、焊接、机床上下料的轨迹模拟，示教器的使用、机器人程序操练等。

本设备也适用于机器人集成等高级课程的教学、训练和工程实践，通过触摸屏、PLC 到机器人本体的综合集成运用，实现单项技术（技能）到综合技术（技能）的培训，实现学生机器人集成方面动手能力的强化，为将来在机器人相关工作岗位所遇到的技术问题提供有建设性的解决方案。

2．功能模块区分

（1）PLC 控制，模块实物如图 A.2 所示。

图 A.2 为 PLC 控制模块，该模块上安装一台西门子 200 SMART 的 PLC，PLC 本机共有 25 点数字量输入、21 点数字量输出。控制板上有总开关 1 个，空气开关 4 个，直流电源保护熔断器 1 个，100 W 开关电源 1 个，继电器 6 个。

（2）送料压铸模块，模块实物如图 A.3 所示。

送料压铸模块由下列构件组成。

- 送料双轴气缸 1 个，配磁开关 1 个；
- 移送迷你气缸 1 个，配磁开关 1 个；
- 推料双轴气缸 1 个，配磁开关 1 个；
- 井式料仓，配检测用光纤传感器 1 个。

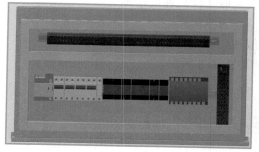

图 A.2 PLC 控制模块

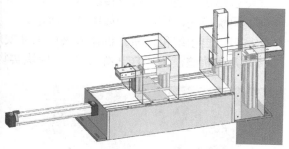

图 A.3 送料压铸模块

（3）输送带模块，模块实物如图 A.4 所示。

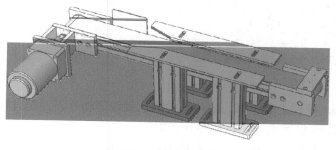

图 A.4 输送带模块

如图 A.4 所示，在输送带模块中，单相调速电机驱动输送带传动，皮带末端配光带开关 1 个。

（4）操作面板模块，模块实物如图 A.5 所示。

如图 A.5 所示，操作面板上的元件包括蜂鸣器 1 个，电源开按钮 1 个，电源关按钮 1 个，启动按钮 1 个，停止按钮 1 个，模式选择（单机/联机，手动/自动）开关 2 个。

（5）检测台模块，模块实物如图 A.6 所示。

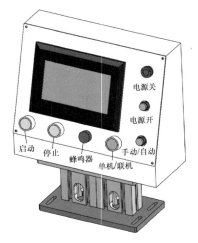

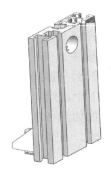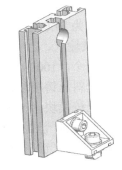

图 A.5　操作面板模块　　　　　　　　　　　　　图 A.6　检测台模块

检测台模块上装有欧姆龙传感器 1 个，机器人夹取工件后在此检测是否夹取成功。

（6）码垛模块，模块实物如图 A.7 所示。

学员可以自由编程，命令机器人夹取工件安放在码垛工位上。

（7）几何轨迹模块（TCP 练习区），模块实物如图 A.8 所示。

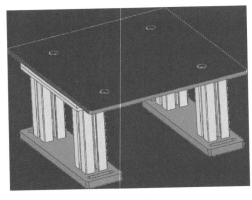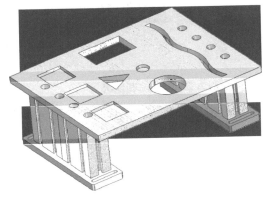

图 A.7　码垛模块　　　　　　　　　　　　　图 A.8　几何轨迹模块

如图 A.8 所示，模板上有矩形、三角形、圆、弧线等轨迹，并配有楔形画笔。

（8）ABB IRB120 机器人，实物如图 A.9 所示。

（9）工业机器人配套多功能夹具，实物如图 A.10 所示。

3．可开展的实训项目

（1）工业机器人现场编程与基础操作。

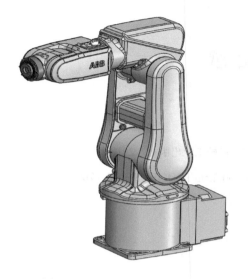

图 A.9　ABB IRB120 机器人

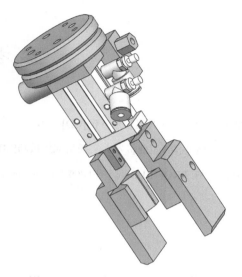

图 A.10　工业机器人配套多功能夹具

（2）PLC 与工业机器人的通信。

（3）PLC 对工业机器人的集成应用。

（4）工业机器人搬运与码垛工艺的应用。

（5）工业机器人焊接工艺的应用。

（6）工业机器人压铸工艺的应用。

（7）PLC 编程与应用。

（8）触摸屏的编程与应用。

（9）气动控制元件的安装与调试。

配合本书使用的 GKB 实操与应用技巧工作站可访问 http://yydz.phei.com.cn 进行下载。

参 考 文 献

[1] ABB 工业机器人光盘手册 6.03[CD]，2017.

[2] 叶辉，管小清. 工业机器人实操与应用技巧[M]. 北京：机械工业出版社，2010.

[3] 百度百科. PROFIBUS 词条[EB/OL]. https://baike.baidu.com/item/PROFIBUS/300216?fr=aladdin.